岩土工程变形监测

中国建设教育协会　中国建筑科学研究院　组织编写

唐建中　于春生　刘　杰　主编

中国建筑工业出版社

图书在版编目（CIP）数据

岩土工程变形监测/唐建中等主编. —北京：中国建筑工业出版社，2015.10
ISBN 978-7-112-18385-2

Ⅰ.①岩… Ⅱ.①唐… Ⅲ.①岩土工程-变形观测
Ⅳ.①TU411.99

中国版本图书馆 CIP 数据核字（2015）第 200257 号

　　本书由中国建设教育协会和中国建筑科学研究院组织编写，由岩土专业的资深工程师执笔撰写。全书结合工程实例，依据《建筑变形测量规范》、《建筑基坑监测技术规范》、《城市轨道交通工程监测技术规范》以及相关的建筑地基基础规范编写而成。全书理论与实际紧密结合，全面阐述了变形监测概述、建筑地基基础（基坑、边坡）变形控制设计原则、变形监测技术、变形监测方案的编制和内容、常见工程的变形监测方法和内容、工程风险管理与变形监测、变形监测资料归档及管理等内容，是一本非常好的岩土专业从业人员的参考用书。

责任编辑：张伯熙　万　李
责任设计：李志立
责任校对：李美娜　赵　颖

岩土工程变形监测
中国建设教育协会　中国建筑科学研究院　组织编写
唐建中　于春生　刘　杰　主编
*
中国建筑工业出版社出版、发行（北京西郊百万庄）
各地新华书店、建筑书店经销
霸州市顺浩图文科技发展有限公司制版
环球东方（北京）印务有限公司印刷
*
开本：787×1092毫米　1/16　印张：9½　字数：231千字
2016 年 3 月第一版　2016 年 3 月第一次印刷
定价：**30.00** 元
ISBN 978-7-112-18385-2
（27647）

本书编委会

主　　编：唐建中　于春生　刘　杰

副主编：朱　光　黄秋宁

编　　委：李　奇　蔚峰炯　黄树情

　　　　　仇海洋　周小英

中国建设教育协会简介

  中国建设教育协会成立于 1992 年，是经民政部注册具有法人资格的一级社会团体。协会隶属住房和城乡建设部，是由建设教育有关部门、单位、团体、机构自愿参加的非营利性的专业社会团体。在业务主管部门的领导下，为全国建设教育工作者服务，是政府联系企业、院校和培训机构的桥梁，是建设教育主管部门的参谋和助手。英文译名为 CHINA ASSOCIATION OF CONSTRUCTION EDUCATION，缩写为 CACE。

  本协会坚持"百花齐放，百家争鸣"方针和教育要面向现代化、面向世界、面向未来的指导思想，发扬实事求是、理论联系实际的作风，团结组织全国建设教育工作者开展学术研究、协作交流、专业培训、工作咨询和社会服务，积极推进教育教学改革，为提高建设职工队伍的素质，培养高质量的建设人才，发展社会主义建设教育事业服务。

前　言

随着我国城市化进程加快和经济快速发展，城市土地资源日渐紧缺，空间容量供需矛盾日益突出，为有效突破城市土地资源紧缺瓶颈，需要更多地开发利用城市地下空间。地下空间的合理利用与开发力度越来越大，地下室由一层发展到多层。建筑、地铁、雨污水管道、地下公交枢纽、地下商业区等建设工程中的基坑工程占了相当的比例。由于基坑开挖和降水所造成的基坑安全问题，以及对周边环境的影响问题也越来越引起参建方以及政府、社会的普遍关注。高层建筑结构形式也趋于多样化，在成为城市风景的同时如何保证建设和使用安全也成为高层建筑设计的一个重要任务。为了更好地监视建筑物在运营管理和使用中的安全，需要不定期地对其进行变形监测，其中一方面是对高层建筑物的运营状态进行安全监控、评价和预测，另一方面，还为在本区域内建设的其他建（构）筑物累积一些经验数据。

本书根据变形设计原则，结合实际工程实例，根据工程类别和结构形式、地质条件，解析变形特点、监测原理，应用《建筑变形测量规范》JGJ 8—2007、《建筑基坑监测技术规范》GB 50497—2009、《城市轨道交通工程监测技术规范》GB 50911—2013 和有关地基基础规范，阐明变形监测控制要点、变形监测的类型、监测基本方法和操作技巧，帮助变形监测人员正确判断，减少失误。

本书第二章由唐建中执笔，其他章节由于春生执笔。由于时间仓促，加上作者水平有限，错误之处在所难免，恳请读者批评指正。

目 录

第一章　变形监测概述

第一节　变形监测的必要性及变形监测的发展

所谓变形监测就是利用专用的仪器和方法对变形体的变形现象进行持续观测、对变形体的变形性态进行分析和变形体变形的发展态势进行预测等的各项工作。其任务是确定在各种荷载和外力作用下，变形体的形状、大小及位置变化的空间状态和时间特征。变形监测工作既是完善工程设计方法的关键性环节，又是进行施工、运行技术决策的重要依据。正因为如此，我国进入 20 世纪 70 年代以来，变形监测工作在水利水电、工民建、轨道交通、市政桥梁等行业工程中均得到了迅速发展和广泛应用，并日益受到工程技术人员和各级工程决策机构的重视。工程监测技术是综合性新兴的工程应用技术，涉及地质、设计、施工、仪器、监测技术和理论分析等比较广泛的知识领域。

变形监测又称为变形测量或变形观测，变形监测可分为全球性变形、区域性变形、工程和局部变形监测。全球性变形是指地球全球板块运动和地壳运动、地球自转速率变化、地潮等；区域性变形是指对区域性地壳变形和城市地面沉降等；工程和局部变形是对于工程建（构）筑物以及其他与工程建设有关的环境、建筑物的三维变形、地下开采引起的地表移动和下沉等。例如，大坝、桥梁、矿区、高耸建筑物、隧道、地铁等。

大地测量方法是变形监测的传统方法，它主要包括三角测量、水准测量、交会测量等方法，该类方法的主要特征是可以利用传统的大地测量仪器，理论和方法成熟，测量数据可靠，观测费用较低。但该类方法也有其很大的缺陷：观测所需要的时间长，劳动强度大，观测精度受观测条件的影响较多，不能实现自动化观测等。目前，随着监测技术的不断发展进步，基本利用高精度测距来代替精密测角，以提高工作效率。采用电子水准仪代替光学水准仪，有效地提高了观测成果的可靠性。利用测量机器人代替原来的经纬仪观测，实现观测和数据处理自动化。传感器类：位置、长度、角度传感器，物理量传感器等将成为变形监测的发展主流。对于 GPS 监测技术的发展应用更为广泛，从一机一天线发展到一机多天线，从流动到持续自动化监测等。特别在大坝结构和桥梁结构监测中得到广泛的应用。监测发展趋势可概括为自动、智能、信息、分析一体化等。

第二节　变形监测目的

监测目的必须根据工程条件明确地确定。监测的主要目的是确定工程是否处于预计的状态，监测的目的也可能是施工控制、诊断不利事件的特性、检验设计的合理程度、证明施工技术的适应程度、检验长期运行性能、检验承包商依据技术规范施工的情况、促进技术发展和确定其合法的依据。

一般情况下，监测的目的包括如下方面：

1）工程建筑监测基本的和最重要的目的是提供用于为控制和显示各种不利情况下工程性能评价和在施工期、运行初期和正常运行期对工程安全进行连续评估所需要的资料。

2）基坑监测中是为了了解围护结构、主体结构和周围地层的变形情况，为施工日常管理提供信息，保证施工安全。围护结构、主体结构和周围土体的变形及应力状态和周围土体各种破坏形式产生之前通常有较大的位移、变形、受力异常等，监测数据和成果是现场施工管理和技术人员判断工程是否安全的重要依据。因此，在施工过程中，通常依据观测结果来验证施工方案的正确性，调整施工参数，必要时采取辅助工程措施，以此达到信息化施工目的。

3）修改工程设计，将现场量测的数据、信息及时反馈以修改和完善设计，使设计达到优质安全、经济合理。

4）根据监测数据，分析施工引起的地表隆陷，以及地层应力分布、地层变位对紧邻建（构）筑物和市政基础设施的影响；以采取相应的加固、防范措施，确保紧邻建（构）筑物和市政基础设施的安全。例如，地铁在修建施工中，监控量测的工作内容总体上有地表的垂直沉降监测、建筑物或桥梁的变形监测（沉降监测、水平位移、倾斜监测、裂缝监测）、地下管线的垂直监测、隧道两侧的水位以及深层土体位移监测、基坑支护结构的变形监测（包括基坑支护体系的垂直沉降、水平位移和挠度变形）、基坑支护结构的内力监测（包括支撑杆件的轴力监测和围护结构内部钢筋的应力监测、土压力监测和孔隙水压力监测）、基坑底部的回弹监测、既有铁路或地铁等的监测。

5）验证支护结构设计，为支护结构设计和施工方案的修订提供反馈信息。我国当前地下工程支护结构设计基本处于半经验半理论状态，土压力多采用经典的理论公式，与现场情况有一定差异；地下结构周围土层软弱，复杂多变，结构设计的荷载常不确定，而且，荷载与支护结构变形、施工工艺有直接关系。例如，目前城市集中地区场地狭小需要深基坑开挖的地下结构施工中，对周围土体压力等变化的影响观测等。因此，在施工中迫切需要知道现场实际的应力和变形情况，与设计值进行比较，必要时对设计方案和施工过程进行修改。施工监测是支护结构设计的重要组成部分。

6）根据监测确立的现行边坡稳定分析数据，使基坑设计更加安全可靠。对可能危害工程安全早期或发展中的险情作出预先警报，从而保证及时采取补救措施。

7）有了上述明确的监测目的，可以有的放矢地进行监测变量选择和监测系统的建立。

第三节　变形监测的常用方法

1. 地面测量方法[1]

包括几何水准测量、三角高程测量、方向和角度测量、距离测量等。

观测时建立高精度平面控制网（图 1-1），采用光学经纬仪、光学水准仪、电磁波测距仪、电子经纬仪、电子水准仪、电子全站仪等进行观测。

这种方法具有以下优点：①能够提供变形体整体的变形状态；②观测量通过组成网的形式可以进行测量结果的校核和精度的评定；③灵活性大，能够适应于不同的精度要求、不同形式的变形和不同的外界条件等。

（1）几何水准测量

几何水准测量是变形测量最常用的方法，原理是用水准仪和水准尺测定地面上两点间的高差。在地面两点间安置水准仪，观测竖立在两点上的水准标尺，按尺上读数推算两点间的高差。通常由水准原点或任一已知高程点出发，沿选定的水准路线逐站测定各点的高程（图 1-2）。我国国家水准测量依精度不同分为一、二、三、四等。一、二等水准测量称为"精密水准测量"，是国家高程控制的全面基础，可为研究地壳形变等提供数据。三、四等水准测量直接为地形测图和各种工程建设提供所必需的高程控制。

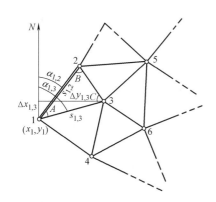

图 1-1 平面控制网

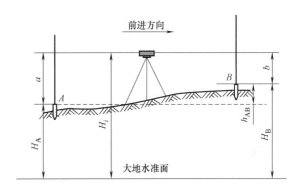

图 1-2 水准测量示意图

（2）角度和方向测量

角度、方向测量分为水平测量和高度测量，利用光学经纬仪、电子经纬仪、全站仪等。测定水平角或竖直角时，水平角是一点到两个目标的方向线垂直投影在水平面上所成的夹角。竖直角是一点到目标的方向线和一特定方向之间在同一竖直面内的夹角。通常以水平方向或天顶方向作为特定方向（图 1-3）。

方向观测法中观测两个方向之间的水平夹角时采用测回法，对三个以上的方向则采取方向观测法或全组合测角法。测回法即用盘左（竖直度盘位于望远镜左侧）、盘右（竖直度盘位于望远镜右侧）两个位置进行观测。用盘左观测时，分别照准左、右目标得到两个读数，两数之差为上半测回角值。为了消除部分仪器误差，倒转望远镜再用盘右观测，得到下半测回角值。取上、下两个半测回角值的平均值为一测回的角值。按精度要求可观测若干测回，取其平均值为最终的观测角值。方向观测法是当有三个以上方向时，在上、下各半测回中依次对各方向进行观测，以求得各方向值，上、下两个半测回合为一测回，这种方法称为全圆测回法。按精度需要测若干测回，可得各方向观测值的平均值，所需角度值由相应方向值相减即得（图 1-4）。

（3）三角高程测量

三角高程测量是通过观测两点间的水平距离和天顶距（或高度角）求定两点间高差的方法。它观测方法简单，不受地形条件限制，是测定大地控制点高程的基本方法。主要用于测定较高建（构）筑物，例如，高层建筑物、烟囱、电视塔、大坝等观测。之前采用传统的光学经纬仪进行测量，必须知道测站到测点之间的精确距离及高精度垂直角值才能获取准确的高程，因此很难达到沉降观测的精度要求。目前，随着电子全站仪不断发展和进步，在测绘和监测业得到广泛应用，利用全站仪进行三角高程测量的方法因不受地形影响、施测速度快等优点而被越来越多的工程测量人员所应用。应用中以中间观测法最为普

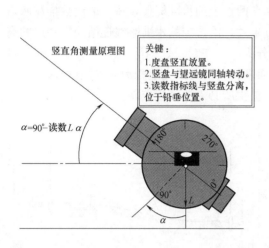

图 1-3　竖直角测量原理图

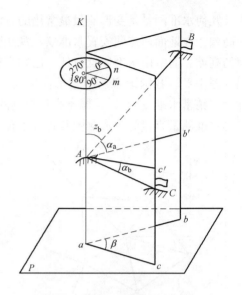

图 1-4　角度、方向测量示意图

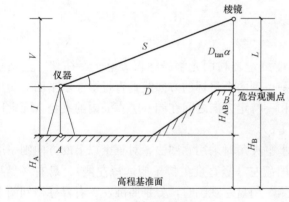

图 1-5　三角高测量示意图

遍，中间观测法不必量取仪器高和棱镜高，而是通过减少误差来源提高精度。另外，测站点选在中间可以有效地减少或消除地球曲率和大气折光对高差测量的影响，又进一步提高了精度。在长距离三角高程测量中，其精度可达三、四等水准测量精度，在高观测条件下，更可达到二等水准测量精度（图 1-5）。

2. 空间测量技术[1]

如甚长基线干涉法测量（VLBI）、卫星激光测距（SLR）、全球定位系统（GPS）、合成孔径雷达干涉（InSAR）。

合成孔径雷达干涉测量技术（SAR intefferometry，InSAR）是近年来发展起来的一种微波遥感技术的一个新热点。InSAR 以合成孔径雷达数据提取的相位信息为信息源，获取地表的三维信息；运用合成孔径雷达干涉及其差分技术（InSAR 及 D InSAR）进行地面微位移监测，在对不同地区地面形变的最新研究结果表明，合成孔径雷达干涉及其差分技术在地震形变、冰川运移、活动构造、地面沉降及滑坡等研究与监测中有广阔的应用前景，具有不可替代的优势。与其他方法（如 GPS 监测等）相比，用 InSAR 及 D InSAR 进行地面形变监测的主要优点在于：①覆盖范围大，方便迅速；②成本低，不需要建立监测网；③空间分辨率高，可以获得某一地区连续的地表形变信息；④可以监测或识别出潜在或未知的地面形变信息；⑤全天候，不受云层及昼夜影响。

随着 GPS 技术的发展，全球定位系统作为一种全新的现代空间定位技术，逐渐取代了常规的光学和电子测量仪器。GPS 技术在变形监测方面主要应用于滑坡、大坝、桥梁等大型建筑物，它以全天候、全球性、高精度、高速度、实时三维定位、误差不随定位时间而积累等优点博得了人们的青睐。与常规测量相比，GPS 技术不仅可以满足变形监测工作的精度要求，而且有助于监测工作的自动化与实时化。尤其 GPS 一机多天线技术的应用，使得一台 GPS 接收机能连接多个天线。这样每个测点上只需要安装 GPS 天线，不需要安装接收机，从而大大降低了变形监测系统的造价。

3. 摄影测量方法

在现代化的测绘技术中，摄影测量系统成为一种吸引众多领域日益关注和采用的几何信息分析提取和模型制作的有力工具。随着数字地球概念的提出，城市三维建模，也依赖着数字摄影测量为其提供数据和支持。摄影测量学是测绘学的分支学科，它的主要任务是用于测绘各种比例尺的地形图、建立数字地面模型，为各种地理信息系统和土地信息系统提供基础数据。摄影测量学要解决的两大问题是几何定位和影像解译。几何定位就是确定被摄物体的大小、形状和空间位置。几何定位的基本原理源于测量学的前方交会方法，它是根据两个已知的摄影站点和两条已知的摄影方向线，交会出构成这两条摄影光线的待定地面点的三维坐标。影像解译就是确定影像对应地物的性质。

与其他方法相比，摄影测量有如下特点：

1）在影像上进行量测和解译，外业工作量少，主要工作在室内进行，无须接触物体本身，很少受气候、地理等条件的限制；

2）所摄影像是客观物体或目标的真实反映，信息丰富、形象直观，人们可以从中获得所研究物体的大量几何信息和物理信息；

3）可以拍摄动态物体的瞬间影像，完成常规方法难以实现的测量工作；

4）适用于大范围地形测绘，成图快、效率高；产品形式多样，可以生产纸质地形图、数字线划图、数字高程模型、数字正摄影像等。

4. 专门测量手段[1]

这里主要是指各种准直测量、测斜仪监测、应变计测量等。

（1）激光准直测量

按测量原理可分为直接测量和衍射法准直测量两种；按照其测量方法可分为准直法和铅直法（图 1-6）。激光准直仪是利用激光具有能量高、方向性好等特点，提供一条直线性极好的可见激光束，作为测量基准。激光准直仪有测量距离大、测量精度高等优点。

（2）测斜仪监测

测斜仪在基坑监测中应用广泛，监测基坑边坡水平位移，土体深层水平位移。其原理是：测斜管通常安装在穿过不稳定土层至下部稳定地层的垂直钻孔内。使用数字垂直活动测斜仪探头，控制电缆、滑轮装置和读数仪来观测测斜管的变形。第一次观测可以建立起测斜管位移的初始断面。其后的观测会显示当地面发生运动时断面位移的变化。观测时，探头从测斜管底部向顶部移动，在半米间距处（一般在测试电缆上有标尺）暂

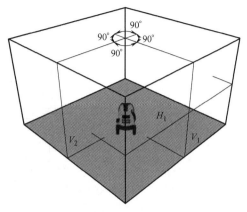

图 1-6 铅直法示意图

停并进行测量倾斜工作。探头的倾斜度由两支受力平衡的伺服加速度计测量所得。一支加速度计测量测斜管凹槽纵向位置，即测斜仪探头上测轮所在平面的倾斜度。另一支加速度计测量垂直于测轮平面的倾斜度。倾斜度可以转换成侧向位移。对比当前与初始的观测数据，可以确定侧向偏移的变化量，显示出地层所发生的运动位移。绘制偏移的变化量可以得到一个高分辨率的位移断面图，此断面图有助于确定地面运动位移的大小、深度、方向和速率（图1-7）。

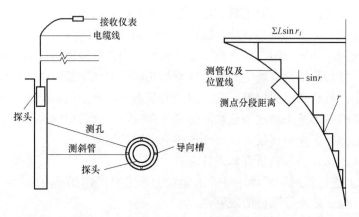

图1-7　测斜仪工作原理

5. 自动化监测系统

由无人值守型自动变形监测系统瑞士Leica自动型TCA系列全站仪、索佳NET05全站仪等高端自动测量机器人、目标反射棱镜、静力水准、测缝计、系统软件、计算机及专用通信电缆等构成。该系统将自动完成测量周期、实时评价测量成果、实时显示变形趋势

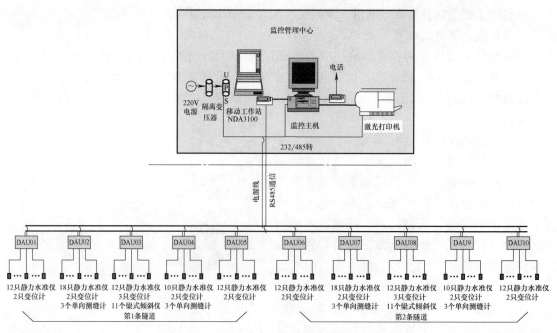

图1-8　自动化监测系统

等智能化的功能合为一体，应用于各类大型水库大坝变形监测、基坑监测、铁路沿线滑坡监测、露天矿开采及地铁结构监测等。是进行各类建筑物自动变形监测、滑坡监测、露天矿开采及指导隧道机械掘进的理想系统（图 1-8）。

参 考 文 献

［1］ 何秀凤. 变形监测新方法及其应用［M］. 北京：科学出版社，2007.

第二章 建筑地基基础（基坑、边坡）变形控制设计原则

岩土工程变形监测的主要任务之一就是建筑物的沉降观测及基坑变形监测。建筑地基基础的设计原则是在满足地基承载力的要求下的变形控制设计；基坑支护应满足的首要功能是保证基坑周边建（构）筑物、地下管线、道路的安全和正常使用；上述均和"变形"密切相关。故监测工程师不仅需要具备精湛的监测技术，还需要具备一定的结构和岩土工程知识。笔者建议变形监测工程师应着重注意以下几点：

1）理解变形设计概念的实质，掌握变形特征值概念，抓住变形监测的重点；
2）了解结构、基础形式与刚度的关系，了解建筑物的大致沉降规律；
3）具备一定的力学基础，理解土的物理力学指标与变形的联系；
4）通过沉降裂缝形态校核变形监测结果；
5）监测记录一定和环境、天气及施工工况相对应；
6）报警值等应由设计确定，或经设计和业主等确认；
7）基坑监测工作的初始值应包含建筑物的倾斜值等；
8）基坑监测应从支护（降水）或桩基施工开始；
9）基坑监测记录应确认正确后交给有关方；
10）注意提交监测记录的及时性。

第一节 建筑结构、基础形式

由于建筑物地基变形形态与上部结构及基础形式、刚度关系很大，故应对其有一个基本了解。

建筑结构形式主要有砖混砌体结构、框架结构、剪力墙结构、框筒结构和筒中筒结构；基础形式主要有独立基础、条形基础、箱形基础、筏形基础和桩基础，其中桩基础常常和其他基础联合使用，如桩筏基础等。

砌体结构即荷载通过楼板传给砌体墙，砌体墙再将荷载传给基础，一般墙下为条形基础；砌体结构一般为7层以下，住宅居多。

框架结构实为梁柱传力体系，即荷载通过楼板传给梁，梁将荷载传给柱，柱将荷载再传给基础。一般框架结构采用柱下独立基础或柱下条形基础；框架结构一般为15层以下，多用于（轻）工业厂房、中小型饭店、宾馆。

剪力墙结构主要用于高层建筑，荷载通过楼板传给剪力墙，剪力墙再将荷载传给基础，高层建筑的基础形式一般采用（桩）箱、筏基础，此类结构多用于住宅类建筑。

框筒结构和筒中筒结构主要用于高层或超高层建筑，一般外围为普通框架和密柱框架形成的筒，中间位置设核心筒（一般为电梯井或剪力墙），荷载通过楼板一部分传给外围的框架体系，框架体系再传至基础，另一部分传给剪力墙（核心筒），由剪力墙（核心筒）

将荷载传给基础；核心筒一般承担总荷载的 50％以上。

第二节 建筑地基基础设计等级

建筑物是否要进行沉降监测和许多因素有关，其中因素之一就是和地基基础设计等级有关。地基基础设计根据地基复杂程度、建筑物规模和功能特征以及由于地基问题可能造成建筑物破坏或影响正常使用的程度分为三个设计等级[1]，见表 2-1。

地基基础设计等级　　　　　　　　　　　　　　　　　　　表 2-1

设计等级	建筑和地基类型
甲级	重要的工业与民用建筑物 30 层以上的高层建筑 体形复杂、层数相差超过 10 层的高低层联成一体的建筑物 大面积的多层地下建筑物（如地下车库、商场、运动场等） 对地基变形有特殊要求的建筑物 复杂地质条件下的坡上建筑物（包括高边坡） 对原有工程影响较大的新建建筑物 场地和地基条件复杂的一般建筑物 位于复杂地质条件及软土地区的 2 层及 2 层以上地下室的基坑工程 开挖深度大于 15m 的基坑工程 周边环境条件复杂、环境保护要求高的基坑工程
乙级	除甲级、丙级以外的工业与民用建筑物 除甲级、丙级以外的基坑工程
丙级	场地和地基条件简单、荷载分布均匀的 7 层及 7 层以下民用建筑及一般工业建筑；次要的轻型建筑物 非软土地区且场地地质条件简单、基坑周边环境条件简单、环境保护要求不高且开挖深度小于 5m 的基坑工程

《建筑地基基础设计规范》GB 50007—2011 明确规定（强条）：地基基础设计等级为甲级建筑物及软弱地基上的地基基础设计等级为乙级的建筑物应在施工期间及使用期间进行沉降变形观测。故变形监测人员应了解地基基础设计等级的区分。

在地基基础设计等级为甲级的建筑物中，30 层以上的高层建筑，不论其体形复杂与否均列入甲级，这是考虑到其高度和重量对地基承载力和变形均有较高要求，采用天然地基往往不能满足设计需要，而须考虑桩基或进行地基处理。

体形复杂、层数相差超过 10 层的高低层联成一体的建筑物是指在平面上和立面上高度变化较大、体形变化复杂，且建于同一整体基础上的高层宾馆、办公楼、商业建筑等建筑物。由于上部荷载大小相差悬殊、结构刚度和构造变化复杂，很容易出现地基不均匀变形，为使地基变形不超过建筑物的允许值，地基基础设计的复杂程度和技术难度均较大，有时需要采用多种地基和基础类型或考虑采用地基与基础和上部结构共同作用的变形分析计算来解决不均匀沉降对基础和上部结构的影响问题。

大面积的多层地下建筑物存在深基坑开挖的降水、支护和对邻近建筑物可能造成严重不良影响等问题，增加了地基基础设计的复杂性，有些地面以上没有荷载或荷载很小的大面积多层地下建筑物，如地下停车场、商场、运动场等还存在抗地下水浮力的设计问题。

复杂地质条件下的坡上建筑物是指坡体岩土的种类、性质、产状和地下水条件变化复杂等对坡体稳定性不利的情况，此时应作坡体稳定性分析，必要时应采取整治措施。

对原有工程有较大影响的新建建筑物是指在原有建筑物旁和在地铁、地下隧道、重要地下管道上或旁边新建的建筑物，当新建建筑物对原有工程影响较大时，为保证原有工程的安全和正常使用，增加了地基基础设计的复杂性和难度。

场地和地基条件复杂的建筑物是指不良地质现象强烈发育的场地，如泥石流、崩塌、滑坡、岩溶土洞塌陷等；或地质环境恶劣的场地，如地下采空区、地面沉降区、地裂缝地区等；复杂地基是指地基岩土种类和性质变化很大、有古河道或暗浜分布、地基为特殊性岩土，如膨胀土、湿陷性土等，以及地下水对工程影响很大、需特殊处理等情况，上述情况均增加了地基基础设计的复杂程度和技术难度。

对在复杂地质条件和软土地区开挖较深的基坑工程，由于基坑支护、开挖和地下水控制等技术复杂、难度较大；挖深大于 15m 的基坑以及基坑周边环境条件复杂、环境保护要求高时对基坑支挡结构的位移控制严格，也列入甲级。

表 2-1 所列的设计等级为丙级的建筑物是指建筑场地稳定、地基岩土均匀良好、荷载分布均匀的 7 层及 7 层以下的民用建筑和一般工业建筑物以及次要的轻型建筑物。

第三节　地基土类别及物理力学特性

地基土的性质对于建筑物沉降及基坑变形规律有重要影响，变形监测人员应了解这方面的知识。

本节对地基土的主要分类、物理力学指标及特性作简单介绍。

作为建筑地基的岩土，可分为岩石、碎石土、砂土、粉土、黏性土和人工填土。

1. 岩石

岩石的坚硬程度应根据岩块的饱和单轴抗压强度 f_{rk} 按表 2-2 分为坚硬岩、较硬岩、较软岩、软岩和极软岩。当缺乏饱和单轴抗压强度资料或不能进行该项试验时，可在现场通过观察定性划分，划分标准可按《建筑地基基础设计规范》GB 50007—2011 附录 A.0.1 条执行。岩石的风化程度可分为未风化、微风化、中等风化、强风化和全风化。

岩石坚硬程度的划分 表 2-2

坚硬程度类别	坚硬岩	较硬岩	较软岩	软岩	极软岩
饱和单轴抗压强度标准值 f_{rk}（MPa）	＞60	$60 \geq f_{rk} > 30$	$30 \geq f_{rk} > 15$	$15 \geq f_{rk} > 5$	≤5

作为监测人员主要了解两个概念：

1）饱和单轴抗压强度标准值 f_{rk}＞30MPa 即为硬质岩，否则为软质岩；

2）在岩石地基中建筑物沉降问题主要出在软岩特别是极软岩地基；因为这类岩石常有特殊的工程性质，例如某些泥岩具有很高的膨胀性；泥质砂岩、全风化花岗岩等有很强的软化性（饱和单轴抗压强度可等于零）；有的第三纪砂岩遇水崩解，有流砂性质。

2. 碎石土

碎石土为粒径大于 2mm 的颗粒含量超过全重 50% 的土。碎石土可按表 2-3 分为漂石、块石、卵石、碎石、圆砾和角砾。

碎石土的密实度，可按表[1]2-3 分为松散、稍密、中密、密实。

碎石土的密实度　　　　　　　　　　　　　　表 2-3

重型圆锥动力触探锤击数 $N_{63.5}$	密实度
$N_{63.5} \leqslant 5$	松散
$5 < N_{63.5} \leqslant 10$	稍密
$10 < N_{63.5} \leqslant 20$	中密
$N_{63.5} > 20$	密实

注：1. 本表适用于平均粒径小于等于 50mm 且最大粒径不超过 100mm 的卵石、碎石、圆砾、角砾。对于平均粒径大于 50mm 或最大粒径大于 100mm 的碎石土，可按《建筑地基基础设计规范》GB 50007—2011 附录 B 鉴别其密实度。

　　2. 表内 $N_{63.5}$ 为经综合修正后的平均值。

它是通过重型（锤重 63.5kg，超重型锤重 120kg）圆锥动力触探击数的大小来区分碎石土的密实度。

碎石土的密实度既反映了地基土的承载特性，也反映了地基土的变形特性。

3. 砂土

砂土为粒径大于 2mm 的颗粒含量不超过全重 50％、粒径大于 0.075mm 的颗粒含量超过全重 50％的土。砂土可按表分为砾砂、粗砂、中砂、细砂和粉砂。

砂土的密实度，可按表[1]2-4 分为松散、稍密、中密、密实。

砂土的密实度　　　　　　　　　　　　　　表 2-4

标准贯入试验锤击数 N	密实度
$N \leqslant 10$	松散
$10 < N \leqslant 15$	稍密
$15 < N \leqslant 30$	中密
$N > 30$	密实

注：当用静力触探探头阻力判定砂土的密实度时，可根据当地经验确定。

它是通过标准贯入试验锤（锤重 63.5kg）击数的大小来区分砂的密实度。

同理，砂的密实度既反映了地基土的承载特性，也反映了地基土的变形特性。

4. 黏性土

黏性土为塑性指数 I_p 大于 10 的土，可按表[1]2-5 分为黏土、粉质黏土。

黏性土的分类　　　　　　　　　　　　　　表 2-5

塑性指数 I_p	土的名称
$I_p > 17$	黏土
$10 < I_p \leqslant 17$	粉质黏土

注：塑性指数由相应于 76g 圆锥体沉入土样中深度为 10mm 时测定的液限计算而得。

黏性土的状态，可按表[1]2-6 分为坚硬、硬塑、可塑、软塑、流塑。

国内建筑行业地基基础规范将土的液性指数 I_L 作为黏性土强度的重要指标（饱和软黏土还应参考土的含水量及孔隙比），土的变形特性与土的强度密切相关。

5. 粉土

粉土为介于砂土与黏性土之间，塑性指数（I_p）小于或等于 10 且粒径大于 0.075mm

的颗粒含量不超过全重50%的土。

黏性土的状态 表2-6

液性指数 I_L	状　态
$I_L \leqslant 0$	坚硬
$0 < I_L \leqslant 0.25$	硬塑
$0.25 < I_L \leqslant 0.75$	可塑
$0.75 < I_L \leqslant 1$	软塑
$I_L > 1$	流塑

注：当用静力触探探头阻力判定黏性土的状态时，可根据当地经验确定。

粉土的重要物理指标为孔隙比 e，从表2-7中可知，当 $e < 0.75$ 时，粉土为密实状态，说明其承载和变形特性较好。

粉土的密实度 表2-7

孔隙比	密实度
$e < 0.75$	密实
$0.75 \leqslant e \leqslant 0.9$	中密
$e > 0.9$	稍密

6. 人工填土

人工填土根据其组成和成因，可分为素填土、压实填土、杂填土、冲填土。

素填土为由碎石土、砂土、粉土、黏性土等组成的填土。经过压实或夯实的素填土为压实填土。杂填土为含有建筑垃圾、工业废料、生活垃圾等杂物的填土。冲填土为由水力冲填泥砂形成的填土。

未经处理的填土由于其成分的复杂性及其不均匀性，地基受荷后易产生不均匀变形。

7. 特殊土

1）淤泥为在静水或缓慢的流水环境中沉积，并经生物化学作用形成，其天然含水量大于液限、天然孔隙比大于或等于1.5的黏性土。当天然含水量大于液限而天然孔隙比小于1.5但大于或等于1.0的黏性土或粉土为淤泥质土。含有大量未分解的腐殖质，有机质含量大于60%的土为泥炭，有机质含量大于等于10%且小于等于60%的土为泥炭质土。

2）红黏土为碳酸盐岩系的岩石经红土化作用形成的高塑性黏土。其液限一般大于50%。红黏土经再搬运后仍保留其基本特征，其液限大于45%的土为次生红黏土。

3）膨胀土为土中黏粒成分主要由亲水性矿物组成，同时具有显著的吸水膨胀和失水收缩特性，其自由膨胀率大于或等于40%的黏性土。

4）湿陷性土为在一定压力下浸水后产生附加沉降，其湿陷系数大于或等于0.015的土。

第四节　竖向荷载下地基应力分布

地基的变形是由外荷载在地基中产生的应力引起的。我们一般借助于弹性力学公式求解地基中的应力。下面是条形荷载、方形荷载及原型荷载下地基应力分布图，有利于我们了解地基中的应力分布大小和范围。

1. 条形竖向荷载下应力分布

图 2-1 所示为条形（一般指长宽比大于 10）荷载下地基中应力分布图。荷载宽度为 b （$2b_1$）。由图 2-1（a）和图 2-1（b）可知，竖向应力 σ_z 在荷载底最大，水平范围可达 $2b_1$，竖向衰减很快，至 $4b_1$ 剩约 30%，至 $12b_1$ 剩约 10%，故我们通常说条形基础的受荷区不超过基底下 6 倍基础宽深度。水平应力 σ_x 在荷载边缘外水平方向 b_1、深度 b_1 处达 20%，在荷载边缘外水平方向 $3b_1$、深度 $2b_1$ 处衰减为 10%。

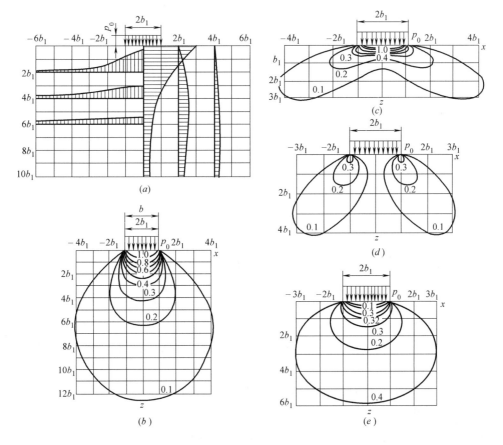

图 2-1　条形竖向均布荷载作用下地基中的应力分布图

（a）σ_z 在水平面及深度方向的分布；（b）σ_z 等值线；（c）σ_x 等值线；

（d）τ_{xz} 等值线；（e）τ_{max} 等值线（等值线的数值均以应力与 p 的比值表示）

2. 方形、圆形竖向荷载下应力分布

由图 2-2 可以看出，方形和圆形荷载下，竖向应力 σ_x 在 2 倍边长或直径深度已衰减至 10%，即通常认为独立基础（圆形基础）的受荷区不超过基底下 2 倍基础宽深度，相比条形基础影响深度相对要浅。

3. 大面积堆载

理论上，如在半无限体表面施加一集度为 p 的荷载，则该半无限体内无限深处竖向应力在数值上等于 p；由此可推论大面积堆载对地基变形的影响很大。

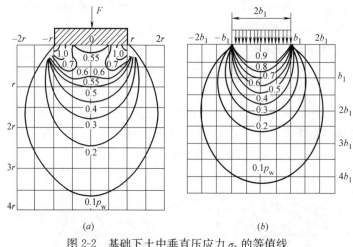

图 2-2　基础下土中垂直压应力 σ_z 的等值线

（a）圆形刚性基础；（b）方形柔性基础

第五节　建筑地基基础变形控制设计原则

1. 规范条文

《建筑地基基础设计规范》GB 50007—2011 第 3.0.2 条：

根据建筑物地基基础设计等级及长期荷载作用下地基变形对上部结构的影响程度，地基基础设计应符合下列规定：

1）所有建筑物的地基计算均应满足承载力计算的有关规定；

2）设计等级为甲级、乙级的建筑物，均应按地基变形设计；

3）设计等级为丙级的建筑物有下列情况之一时应作变形验算：

① 地基承载力特征值小于 130kPa，且体形复杂的建筑；

② 在基础上及其附近有地面堆载或相邻基础荷载差异较大，可能引起地基产生过大的不均匀沉降时；

③ 软弱地基上的建筑物存在偏心荷载时；

④ 相邻建筑距离近，可能发生倾斜时；

⑤ 地基内有厚度较大或厚薄不均的填土，其自重固结未完成时。

该条文指出建筑地基基础的设计须在满足地基承载力的要求下进行变形控制设计。丙级中要进行地基变形验算的项目均为容易出现问题的建筑物；而设计等级为丙级的其他可不作验算的建筑物，是因为已具备足够工程设计经验可以满足变形控制要求。

2. 地基破坏模式

图 2-3 为地基的三种破坏模式。图 2-3（a）为整体破坏模式，具有明显的隆起现象，主要出现于密实砂、低压缩性土和正常饱和不可压缩性土的地基；图 2-3（c）为冲切破坏，无隆起现象，一般出现于松砂和密实土下有软弱土的地基；图 2-3（b）为局部破坏，略有隆起，介于二者之间。

由于地基的设计原则是满足承载力条件下的变形控制，所以地基是不允许发生上述破坏形式的，实际工程中很少看到建筑物的倒塌是由地基破坏造成。但由于施工因素而出现

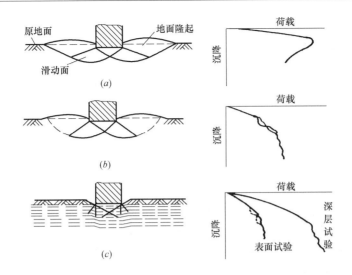

图 2-3　地基的破坏形式

（a）整体剪切；（b）局部剪切；（c）冲剪

地基隆起破坏的现象却很多，如大面积挤土桩施工和强夯。

3. 地基承载力

图 2-4 为求解地基极限承载力而采用的地基整体滑动破坏模式示意图。

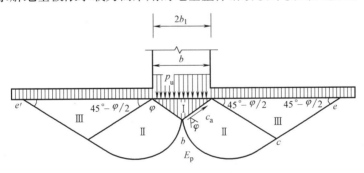

图 2-4　地基整体滑动破坏示意图

基础宽为 b，基底下土体分三块，其中Ⅰ块土体受基础和Ⅱ块土体约束，处于整体受压，一般说 b 越大，Ⅰ块土体体积越大，随之Ⅱ、Ⅲ块土体体积也越大，在竖向荷载作用下土体向外滑动越困难，理论上说明基础越宽承载力越高；如Ⅲ块土体上有超载，土体的向外滑动也越困难，理论上说明基础埋深越深承载力越高。所以，地基承载力不仅与地基本身性质有关，还与基础宽度和埋深有关。

但地基承载力的使用是否无上限呢？答案是否定的。原因是还要考虑建筑物的沉降限制。

《建筑地基基础设计规范》GB 50007—2011 规定：地基承载力特征值取 p-s 曲线的比例界限对应的荷载值，即 p-s 曲线直线段的终点；如无比例界限，则取沉降与荷载板宽（s/b）的某一比值（$0.01 \sim 0.015$）对应的荷载。当极限荷载小于对应比例界限的荷载的 2 倍时，取极限荷载值的一半。上述规定均为了控制地基变形，保证建筑物的沉降能稳定，见图 2-5。

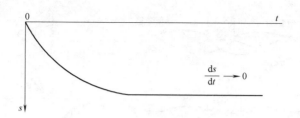

图 2-5　载荷试验 s-t 曲线及稳定标准

4. 地基变形特征及变形允许值

地基变形特征可分为沉降量、沉降差、倾斜、局部倾斜。

由于建筑地基不均匀、荷载差异很大、体形复杂等因素引起的地基变形，对于砌体承重结构应由局部倾斜值控制；对于框架结构和单层排架结构应由相邻柱基的沉降差控制；对于多层或高层建筑和高耸结构应由倾斜值控制；必要时尚应控制平均沉降量。

建筑物的地基变形允许值[1]　　　　　　　　　　　　　　　　　表 2-8

变　形　特　征		地基土类别	
		中、低压缩性土	高压缩性土
砌体承重结构基础的局部倾斜		0.002	0.003
工业与民用建筑相邻柱基的沉降差	框架结构	0.002l	0.003l
	砌体墙填充的边排柱	0.0007l	0.001l
	当基础不均匀沉降时不产生附加应力的结构	0.005l	0.005l
单层排架结构(柱距为 6m)柱基的沉降量(mm)		(120)	200
桥式起重机轨面的倾斜(按不调整轨道考虑)	纵　向	0.004	
	横　向	0.003	
多层和高层建筑的整体倾斜	$H_g \leqslant 24$	0.004	
	$24 < H_g \leqslant 60$	0.003	
	$60 < H_g \leqslant 100$	0.0025	
	$H_g > 100$	0.002	
体形简单的高层建筑基础的平均沉降量(mm)		200	
高耸结构基础的倾斜	$H_g \leqslant 20$	0.008	
	$20 < H_g \leqslant 50$	0.006	
	$50 < H_g \leqslant 100$	0.005	
	$100 < H_g \leqslant 150$	0.004	
	$150 < H_g \leqslant 200$	0.003	
	$200 < H_g \leqslant 250$	0.002	
高耸结构基础的沉降量(mm)	$H_g \leqslant 100$	400	
	$100 < H_g \leqslant 200$	300	
	$200 < H_g \leqslant 250$	200	

　　注：1. 本表数值为建筑物地基实际最终变形允许值；
　　　　2. 有括号者仅适用于中压缩性土。

表 2-8 所示是建筑地基基础设计和基坑周边建筑物、构筑物地基变形控制的总原则，也是建筑物、构筑物因各种原因引起沉降裂缝后判断危害的严重性或考虑是否采取措施（加固、拆除）的主要依据。

5. 回弹再压缩变形

建筑物基础均有一定的埋深，开挖后土体均有不同程度的回弹，施加建筑物荷载后，会产生回弹再压缩变形。如基础埋深较浅，此部分回弹再压缩变形可忽略。而对于深基坑而言，则须考虑该变形影响。深基坑地基的变形由两部分组成：一部分为建筑物重量与开挖土方相当重量引起的回弹再压缩变形；另一部分为建筑物超过开挖土方重量而引起的附加变形。一般情况下，基坑越深，回弹量越大；地基土越软，回弹量越大；回弹量在基坑见底后还会有一定程度的增加；回弹再压缩量一般为回弹量的 1.0～1.2 倍（建筑物荷载相当于基坑土重时）。

6. 地基压缩变形特征

1）土的压缩变形不同于钢、木料和混凝土，是时间的函数，与土的排水固结有关。砂卵石地基主体荷载完成后沉降可完成 80%～90%，但黏性土（湿陷性黄土、淤泥质软土等）地基的稳定时间要几年、甚至几十年。一般问题出在建成后一年半内。

2）地基的变形是不均匀的，因此在上部结构中要产生次应力，这是造成房屋损坏的重要原因之一。

3）地基土的压缩变形与水的浸入及土的渗透性质有关。黄土的湿陷性最具代表。

4）在通常情况下，地基土经压密变形后密实度会增加，强度也会提高，所以沉降稳定后的地基可以加层，但还要验算基础。

第六节　建筑地基变形形态与基础刚度和上部结构刚度的关系

1. 柔性、刚性和半刚性结构大致分类

1）柔性结构：结构的变形与地基的变形一致，地基的变形对上部结构不产生附加应力或产生很小的附加应力；上部结构没有调整地基不均匀变形能力。如木结构、钢混排架结构或钢排架结构。

2）刚性结构：地基不均匀变形过程中，结构各部分沉降相等或相对弯曲值小于万分之二或表现为倾斜。能调整土中应力，但不能克服倾斜。如烟囱、水塔等高耸建筑物，或长高比小于 2.5，荷载分布均匀、体形简单的高层建筑（一般相对弯曲小于万分之二）。此外，基础刚度很大时如桩基、沉井、沉箱也属于刚性结构。

3）半刚性结构：介于上面两者间，具有一定的承受弯曲变形能力，也具有一定的减少地基不均匀变形能力。地基成硬塑状态时它几乎无法调整地基的不均匀变形能力；地基较软时，它又可能改变地基接触压力，减少不均匀沉降，但此时易开裂。如一般的砖石结构和框架结构。

2. 结构刚度不同时的基底反力及沉降分布

结构刚度不同时的基底反力及沉降分布见图 2-6。对于刚性结构（图 2-6*a*），其沉降均匀，反力分布呈马鞍形；对于柔性结构（图 2-6*c*），其沉降一般呈漏斗状，即中间大，两头小，反力均匀；半刚性结构介于二者之间。

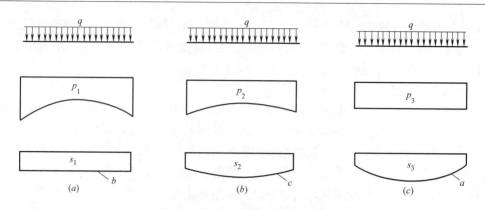

图 2-6 结构刚度不同时的反力及沉降分布

(*a*) 刚性；(*b*) 半刚性；(*c*) 柔性

p—反力；*s*—沉降；*q*—均布荷载

第七节 建筑地基变形监测原则

《建筑地基基础设计规范》GB 50007—2011 第 10.3.8 条（强条）规定：下列建筑物应在施工期间及使用期间进行沉降变形观测：

1）地基基础设计等级为甲级建筑物；

2）软弱地基上的地基基础设计等级为乙级建筑物；

3）处理地基上的建筑物；

4）加层、扩建建筑物；

5）受邻近深基坑开挖施工影响或受场地地下水等环境因素变化影响的建筑物；

6）采用新型基础或新型结构的建筑物。

实际上除上述建筑物须进行沉降变形监测外，对于大面积填方、填海等地基处理工程，也应对地面沉降进行长期监测，直到沉降达到稳定标准；施工过程中还应对土体位移、孔隙水压力等进行监测。

另：对于挤土桩布桩较密或周边环境保护要求严格时，应对打桩过程中造成的土体隆起和位移、邻桩桩顶标高及桩位、孔隙水压力等进行监测。

第八节 裂缝的分类、初步判别及沉降裂缝的鉴别[2]

为了将建筑物沉降引起的裂缝与其他原因（受力、收缩、温度等）引起的裂缝区分，以下将裂缝的分类等作简单介绍。

1. 裂缝的种类

砌体结构裂缝贯穿的裂缝占大多数，混凝土结构裂缝多为非贯穿的。

裂缝按其形状分为表面的、纵深的（深度达 1/2 的）、贯穿的、上宽下窄的、下宽上窄的、枣核形的、外宽内窄的等。

2. 裂缝的稳定性

裂缝的不稳定包含三种含意：一是裂缝宽度的不断扩大与缩小，二是裂缝长度的不断延伸，三是裂缝数量的增加。

稳定的裂缝是指裂缝出现后宽度不再扩展，长度不再延伸，如收缩、徐变引起的裂缝，经过一定的时间，收缩、徐变完成，裂缝就不变了；不均匀沉降裂缝，沉降停止，裂缝也不再发生变化。不稳定的裂缝是指裂缝随着影响因素的变化而改变，如温度引起的裂缝，随着冬、夏季节的温度变化或一天内中午和晚上的温度变化，裂缝宽度、长度、数量也在不断变化。

3. 开裂原因

可归纳为两大类：一是荷载引起的受力裂缝，二是约束变形引起的非受力裂缝。

根据大量工程裂缝问题统计，混凝土结构荷载引起的裂缝约占 20%，变形引起的裂缝约占 80%。砌体结构裂缝原因，属于变形变化引起的约占 90%，荷载引起的约占 10%，90% 中也包括变形变化与荷载共同作用，但以变形变化引起的为主，10% 中也包括两者共同作用，但以荷载变化引起的为主。

荷载引起的裂缝有受弯裂缝、受剪裂缝、受压裂缝、受扭裂缝等，裂缝的位置和走向极有规律，与荷载大小、方向和构件材料强度、截面尺寸、配筋多少等有关，大多数是竖向裂缝和水平裂缝，只有少量的斜裂缝和不规则裂缝。

根据作用效应与结构抗力的关系，一般通过内力和承载力的计算分析可以得出确切的结论。

变形引起的裂缝主要与材料种类、环境温度、湿度、约束等因素有关，变形裂缝包括：收缩裂缝、温度裂缝、不均匀沉降裂缝、应力集中裂缝、冻融裂缝、钢筋锈蚀裂缝、碱集料反应裂缝、构造裂缝等。

非受力裂缝指的是由结构约束变形引起的裂缝，由于外界温度变化、地基变形、基础不均匀沉降、材料本身的收缩、徐变等因素作用，结构首先要求变形，当变形得不到满足或变形受到约束、限制时，构件内也将产生较大的应力，这种应力大小主要与结构刚度有关，当刚度较大时，应力也大；应力超过材料强度就会引起结构和构件开裂。变形引起的裂缝形式大多数是斜裂缝和不规则裂缝，只有少量的竖向裂缝和水平裂缝。

非受力裂缝的特点是裂缝出现后，变形得到满足或部分满足，应力就得到释放，某些结构虽然材料强度不高，但如果有良好的韧性，也可适应变形的要求，可能不会开裂；相反，某些结构虽然材料强度很高，但刚度较大或约束较强，抗变形能力差，也比较容易开裂，这是区别于受力裂缝的主要特点，另一个特点是变形裂缝的产生有一个时间过程，受力裂缝从荷载作用，内力形成，直到裂缝出现与扩展是一次完成；而变形裂缝从环境变化，变形产生，到约束应力形成，裂缝出现与扩展等都不是同一时间瞬间完成的，而是通过传递过程完成，是一个多次产生和发展的过程，这是区别于受力裂缝的第二个特点，特别是温度裂缝，它是不稳定裂缝，有反复过程。

4. 受力裂缝的形态、位置

受力裂缝是由于构件承受外荷载的作用，其应力超过材料强度或稳定性不够而产生，根据外荷载的作用方式，受力裂缝又分为轴心受拉裂缝、弯曲受拉裂缝、受剪裂缝、受压裂缝、受扭裂缝、局部承压裂缝等。裂缝形状与受力状态有直接关系，一般说来，受拉裂缝的方向与主拉应力方向垂直（图 2-7），受剪裂缝为斜裂缝（图 2-8）；受力裂缝的特点是在结构承受拉力或剪力最大的位置出现，裂缝的方向与受力钢筋的方向垂直。

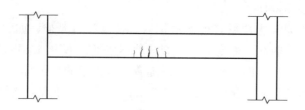

图 2-7　梁跨中底部受弯产生的裂缝示意图

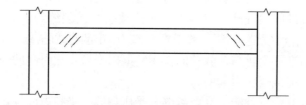

图 2-8　梁产生的受剪裂缝示意图

受压裂缝与压应力方向平行，受压裂缝通常是顺压力方向的竖向裂缝（图 2-9）。临近极限状态混凝土有压碎现象（图 2-10）。

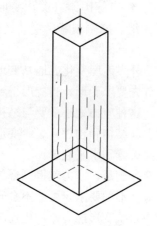

图 2-9　小偏心受压柱和轴心受压柱
柱中出现竖向裂缝示意图

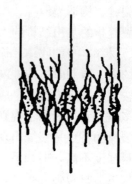

图 2-10　受压临近极限状态
混凝土示意图

5. 收缩裂缝

混凝土收缩裂缝又分为很多种，沉降收缩、塑性收缩、干燥收缩、化学收缩、碳化收缩、自收缩、温度收缩。

收缩裂缝常在现浇混凝土板中出现（图 2-11），梁次之，柱很少。现浇板收缩裂缝的特点是裂缝不规则，板面数量多、板底数量少，板面裂缝宽度大，板底裂缝宽度小，严重时上下贯通常有渗水痕迹，特别是板面中心部位，由于负筋没有连通时最容易出现裂缝。

现浇混凝土梁收缩裂缝（图 2-12）的特点是在梁两个侧面中部，形态为中间宽两边窄的枣核形，到梁上下主筋处截止，收缩裂缝与原材料品质、施工质量及结构类型较为密切，一般现浇结构或超静定结构较装配式结构或静定结构收缩裂缝多，平面尺寸大、施工

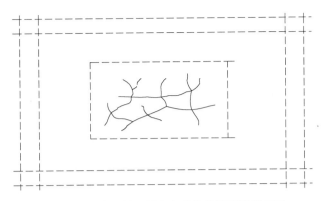

图 2-11　现浇混凝土板中出现的收缩裂缝示意图

质量差的房屋收缩裂缝相对较多，混凝土强度越高，收缩裂缝越多。

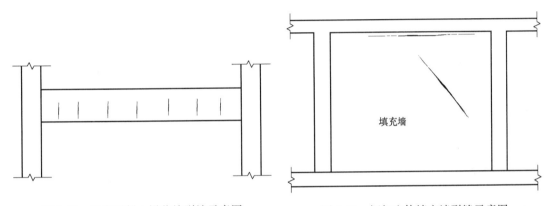

图 2-12　现浇混凝土梁收缩裂缝示意图　　　　图 2-13　框架砌体填充墙裂缝示意图

　　裂缝主要表现在砌体墙上的斜向裂缝，与框架梁之间的水平裂缝和与框架柱之间的竖向裂缝（图 2-13），主要原因是材料收缩变形不一致，同样条件下混凝土收缩变形小而砌体收缩变形大，黏土砖砌筑的墙体收缩变形大于混凝土框架，由于墙体材料改革，黏土砖的应用越来越少，各种砌块材料越来越多地应用在工程中，砌块砌筑的墙体收缩变形大于黏土砖墙，砌块结构收缩裂缝与砖砌体裂缝相似。

6. 温度裂缝

　　砖混结构由于屋面保温隔热不佳，易在建筑物中产生温度裂缝（图 2-14），具有如下特点：顶层重、下层轻；两端重、中间轻；南面重、北面轻，典型的外墙面温度裂缝呈八字形斜向分布，如果是预制空心屋面板，裂缝往往从板缝开始，严重时将顶层混凝土圈梁拉裂，有时两端屋顶圈梁底与砖墙交接处还会出现水平裂缝，就地域而言，年气温变化较大及昼夜温差较大的地区，建筑物温度裂缝较为突出，就房屋类别而论，完全裸露的房屋，比有保温隔热措施

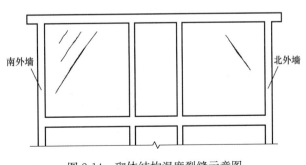

图 2-14　砌体结构温度裂缝示意图

21

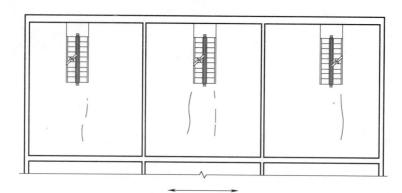

图 2-15　现浇楼板引起的温度收缩裂缝示意图

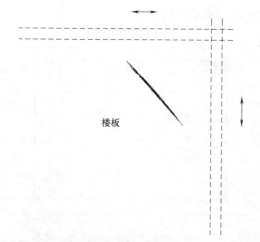

图 2-16　混凝土外墙引起的温度裂缝示意图

的房屋温度裂缝较为严重。

典型的现浇楼板由于温度收缩作用，裂缝主要集中于房屋薄弱部位，如楼梯间楼板不连续的部位（图 2-15），裂缝沿楼层没有明显差异，形态多为枣核状，中间粗、两端细，绝大部分止于梁或墙边，如果平面布置对称、均匀，一般温度收缩裂缝在两端较多，中间较少，建筑物平面长度超过伸缩缝间距规定时，裂缝较多。

混凝土抗震墙结构，尤其是高层建筑，混凝土外墙在温度应力作用下产生伸缩变形，会引起楼板温度裂缝，尤其是外墙采用内保温的高层混凝土建筑物，几乎层层楼板角部都会出现斜裂缝（图 2-16）。有时一块楼板一道裂缝，严重时多条平行的裂缝，特别是建筑物的西南角最为常见。

7. 沉降裂缝

砌体结构建筑物由不均匀沉降引起的裂缝，通常为八字形（图 2-17）、倒八字形（图 2-18）和一边倒形裂缝（图 2-19）。有八字形裂缝的建筑物的沉降为中间大、两边小；有倒八字形裂缝的建筑物的沉降为中间小、两边大；有一边倒形裂缝的建筑物的沉降沿裂缝倾斜方向逐渐增大；实际上裂缝的倾斜方向均为沉降增大方向。因此，我们可判别：砌体结构建筑物，只要是由沉降原因引起的裂缝，一般裂缝的倾斜方向即为沉降增大方向，由

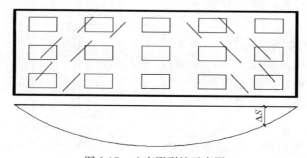

图 2-17　八字形裂缝示意图

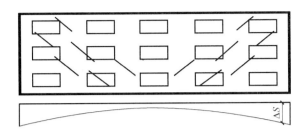

图 2-18 倒八字形裂缝示意图

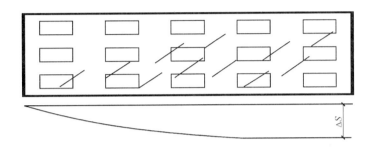

图 2-19 一边倒形裂缝示意图

此可与沉降监测数据进行比对。

总结上面三类沉降裂缝的特点，一般在上部结构中出现倾斜裂缝的上段所对应垂直下方基础的沉降较大，故可通过斜裂缝（排除非沉降原因如温度引起的斜裂缝）的走向判断建筑物沉降的大小。

框架结构由沉降差引起的梁上的裂缝见图 2-20。

8. 其他裂缝

（1）碱骨料反应裂缝

由于混凝土中水泥、外加剂或水中的碱性物质，与骨料中的活性物质发生化学反应，其生成物吸水，产生体积膨胀引起的混凝土裂缝（图 2-21）。碱骨料反应裂缝通常在混凝土浇筑成型若干年后出现，在潮湿的环境中反应较快，特别是在混凝土遇水的情况下，其体积膨胀约 3～4 倍，在干燥的环境中反应是非常缓慢的。由于活性骨料均匀分布在混凝土中，发生碱骨料反应的裂缝一般为不规则的，在钢筋的部位也有比较严重的。

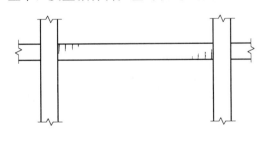

图 2-20 沉降差引起的框架梁的裂缝示意图

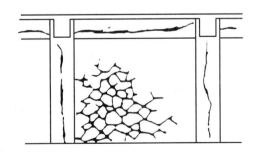

图 2-21 碱骨料反应裂缝示意图

（2）模板支撑下沉产生的裂缝

施工支模时，由于支撑下的地基沉降不均匀而产生裂缝（图 2-22）。

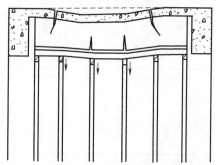

图 2-22　模板支撑下沉产生的裂缝示意图

第九节　建筑基坑支护安全等级

《建筑基坑支护技术规程》JGJ 120—2012 对基坑支护结构安全等级的规定较为原则，见表 2-9。按表 2-9 采用支护结构的安全等级。对同一基坑的不同部位，可采用不同的安全等级。

支护结构的安全等级

表 2-9

安全等级	破　坏　后　果
一级	支护结构失效、土体过大变形对基坑周边环境或主体结构施工安全的影响很严重
二级	支护结构失效、土体过大变形对基坑周边环境或主体结构施工安全的影响严重
三级	支护结构失效、土体过大变形对基坑周边环境或主体结构施工安全的影响不严重

注意：该规程的安全等级特指支护结构，而非基坑，主要是概念上须同有关规范一致性考虑。

由于地区的差异，北京、上海、天津、重庆等市均编制了基坑支护规范，这些地方规范均根据基坑深度、其周边环境及地方经验，规定了基坑支护安全等级。

《建筑基坑工程监测技术规范》GB 50497—2009 中建筑工程基坑仪器项目监测表中的基坑类别是按照《建筑地基基础工程施工质量验收规范》GB 50202—2002 执行。该规范有关基坑等级规定如下：

一、符合下列情况之一，为一级基坑：

1. 重要工程或支护结构作主体结构的一部分；

2. 开挖深度大于 10m；

3. 与邻近建筑物、重要设施的距离在开挖深度以内的基坑；

4. 基坑范围内有历史文物、近代优秀建筑、重要管线等须严加保护的基坑。

二、三级基坑为开挖深度小于 7m，且周围环境无特殊要求的基坑。

三、除一级和三级外的基坑属二级基坑。

四、当周围已有的设施有特殊要求时，尚应符合这些要求。

基坑支护安全等级的划分，除在设计计算时的安全系数或分项系数有所区别外，基坑支护监测的项目的选择上也有侧重，如安全等级为一级、二级基坑的深层水平位移均为"应测"，表明该项目很重要。

第十节　建筑基坑变形设计原则

建筑基坑支护的设计除应满足承载力极限状态的要求外，还应满足正常使用极限状态要求，即满足由支护结构水平位移、基坑周边建筑物和地面沉降等控制的正常使用极限状态设计，主要包括以下几方面：

1）当基坑开挖影响范围内有建筑物时，支护结构水平位移控制值、建筑物的沉降控制值应按不影响其正常使用的要求确定，并应符合现行国家标准《建筑地基基础设计规范》GB 50007—2011 中对地基变形允许值的规定；当基坑开挖影响范围内有地下管线、地下构筑物、道路时，支护结构水平位移控制值、地面沉降控制值应按不影响其正常使用的要求确定，并应符合现行相关规范对其允许变形的规定。

2）当支护结构构件同时用作主体地下结构构件时，支护结构水平位移控制值不应大于主体结构设计对其变形的限值。

3）当无第一、二种情况时，支护结构水平位移控制值应根据地区经验按工程的具体条件确定。

第十一节　建筑基坑变形监测原则

1. 基坑水平位移与基坑边沉降大致关系

图 2-23 为参考文献［3］给出的地表沉降曲线分布，从曲线可看出，基坑外产生的最大沉降的位置为相当于 1/2 开挖深度的距离。上海的经验为最大地表沉降 δ_{vm} 可根据其与围护结构最大侧移 δ_{hm} 的经验关系来确定，一般可取 $\delta_{vm} = 0.8\delta_{hm}$。无地区经验时可参考该经验关系式。

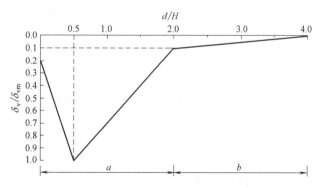

图 2-23　围护墙后地表沉降预估曲线

δ_v/δ_{vm}—坑外某点的沉降/最大沉降；d/H—坑外地表某点围护墙
外侧的距离/基坑开挖深度；a—主影响区域；b—次影响区域

2. 基坑变形监测总原则

《建筑基坑支护技术规程》JGJ 120—2012 和《建筑基坑工程监测技术规范》GB 50497—2009 对于基坑监测项目总体一致。《建筑基坑支护技术规程》JGJ 120—2012 从基坑设计施工角度提出了基坑变形监测总原则（第8.2.2条，强条）：

安全等级为一级、二级的支护结构，在基坑开挖过程与支护结构使用期内，必须进行支护结构的水平位移监测和基坑开挖影响范围内建（构）筑物、地面的沉降监测。因为支护结构的安全等级为一、二级的破坏后果为很严重和严重。

3. 监测点布置注意点

监测点的布置在《建筑基坑支护技术规程》JGJ 120—2012 和《建筑基坑工程监测技术规范》GB 50497—2009 中已有详细规定，这里不再赘述。下面对监测点布置提出一些注意点：

1）监测点应布置于基坑设计的关切位置：即重要位置和危险位置。如基坑阳角、基坑边中点、建筑物靠近基坑边处、地基软弱处等。

2）基坑周围建筑物沉降点布置，应考虑建筑物结构、基础形式，测点数据应能满足变形特征值的验算，如框架结构（柱下独立基础），应在柱下布点（沉降差）；砌体结构（墙下条形基础），布点应考虑局部倾斜为两监测点沉降差与监测点（6～10m）距离比值的概念；高层建筑（筏基），一般情况下布点应重点监测建筑物短向的倾斜值。

3）基坑支护结构深部水平位移监测很重要，当基坑支护结构出现较大水平位移或基坑周围建筑物出现较大沉降时，可通过分析深层水平位移监测值，推断基坑的破坏原因及可能破坏形式，以便采取合理有效的抢险加固措施。对现浇混凝土挡土构件，测斜管应设置在挡土构件内，测斜管深度不应小于挡土构件的深度。

4. 监测频率原则

1）基坑向下开挖期间，监测不应少于每天一次，直至开挖停止后连续三天的监测数值稳定；

2）当地面、支护结构或周边建筑物出现裂缝、沉降，遇到降雨、降雪、气温骤变，基坑出现异常的渗水或漏水，坑外地面荷载增加等各种环境条件变化或异常情况时，应立即进行连续监测，直至连续三天的监测数值稳定；

3）当位移速率大于前次监测的位移速率时，则应进行连续监测；

4）在监测数值稳定期间，应根据水平位移稳定值的大小及工程实际情况定期进行监测。

5. 主要巡视内容

基坑巡视比仪器监测更直观，在基坑出现险情时甚至更迅速有效。在现场巡查时应检查有无下列现象及其发展情况：

1）基坑外地面和道路开裂、沉陷，应重视基坑外相当于一倍基坑深度距离外地面和道路开裂、沉陷；

2）基坑周边建（构）筑物开裂、倾斜；

3）基坑周边水管漏水、破裂，燃气管漏气；

4）挡土构件表面开裂；

5）锚杆锚头松动，锚具夹片滑动，腰梁及支座变形，连接破损等；

6）支撑构件变形、开裂；

7）土钉墙土钉滑脱，土钉墙面层开裂和错动；

8）基坑侧壁和截水帷幕渗水、漏水、流砂等；

9）降水井抽水异常，基坑排水不通畅。

6. 报警原则

基坑监测数据、现场巡查结果应及时整理和反馈。当出现下列危险征兆时应立即报警：

1）支护结构位移达到设计规定的位移限值。

2）支护结构位移速率增长且不收敛。

3）支护结构构件的内力超过其设计值。

4）基坑周边建（构）筑物、道路、地面的沉降达到设计规定的沉降、倾斜限值；基坑周边建（构）筑物、道路、地面开裂。

5）支护结构构件出现影响整体结构安全性的损坏。

6）基坑出现局部坍塌。

7）开挖面出现隆起现象。

8）基坑出现流土、管涌现象。

第十二节　建筑边坡变形控制原则

1. 边坡工程安全等级（表 2-10）[4]

边坡工程安全等级　　　　　　　　　　　　　　　　　　　　　表 2-10

边坡类型		边坡高度（m）	破坏后果	安全等级
岩质边坡	岩体类型为Ⅰ或Ⅱ类	$H \leqslant 30$	很严重	一级
			严重	二级
			不严重	三级
	岩体类型为Ⅲ或Ⅳ类	$15 < H \leqslant 30$	很严重	一级
			严重	二级
		$H \leqslant 15$	很严重	一级
			严重	二级
			不严重	三级
土质边坡		$10 < H \leqslant 15$	很严重	一级
			严重	二级
		$H \leqslant 10$	很严重	一级
			严重	二级
			不严重	三级

注：1. 一个边坡工程的各段，可根据实际情况采用不同的安全等级；

2. 对危害性极严重、环境和地质条件复杂的特殊边坡工程，其安全等级应根据工程情况适当提高。

《建筑边坡工程技术规范》GB 50330—2014 还规定（强条），破坏后果很严重、严重的下列边坡，其安全等级应定为一级：

1）有外倾结构面控制的边坡工程；

2）危岩、滑坡地段的边坡工程；

3）边坡塌滑区内或边坡影响区内有重要建（构）筑物的边坡工程。破坏后果不严重的上述边坡工程的安全等级可定为二级。

2. 边坡变形控制

边坡变形控制应满足下列条件：

1）工程行为引发的边坡过量变形和地下水的变化不应造成坡顶建（构）筑物开裂及其基础沉降差超过允许值；

2）支护结构基础置于土层地基时，地基变形不应造成临近建（构）筑物开裂及其基础桩的正常使用；

3）应考虑施工因素对支护结构变形的影响，变形产生的附加应力不得危及支护结构安全。

第十三节　建筑边坡变形监测原则

1. 边坡监测项目

边坡的监测项目类似基坑（表2-11），但由于边坡类型的变化与地质条件的复杂，其监测工程相比基坑监测更具挑战性。除仪器监测外，应注重人工巡视：诸如地表裂缝变化发展、与水有关的变化（雨水、洪水、地下水等）。应十分重视坡体后缘可能出现的微小张裂现象，并结合坡体可能的破坏模式对其成因作仔细分析。若坡体侧边出现斜裂缝，或在坡体中下部出现剪出或隆起变形时，可作出边坡不稳定的判断。

边坡工程监测项目[4]　　　　　　　　　　　　　　　　　　表 2-11

监 测 项 目	测 点 布 置	边坡工程安全等级		
		一级	二级	三级
坡顶水平及垂直位移	支护结构顶部	应测	应测	应测
地表裂缝	墙顶背后 1.0H(岩质)～1.5H(土质)范围	应测	应测	选测
坡顶建(构)筑物变形	边坡建筑物基础、墙面	应测	应测	选测
降水、洪水与时间关系	—	应测	应测	选测
锚杆拉力	外锚头或锚杆主筋	应测	选测	可不测
支护结构变形	主要受力结构	应测	选测	可不测
支护结构应力	应力最大处	选测	选测	可不测
地下水、渗水与降雨关系	出水点	应测	选测	可不测

注：H 为挡墙高度。

2. 边坡监测原则

边坡工程应由设计提出监测要求，由业主委托有资质的监测单位编制监测方案，经设计、监理和业主等共同认可后实施。

方案应包括监测项目、监测目的、测试方法、测点布置、监测项目报警值、信息反馈制度和现场原始状态资料记录等内容。

边坡工程监测应符合下列规定：

1）坡顶位移观测，应在每一典型边坡段的支护结构顶部设置不少于 3 个观测点的观测网，观测位移量、移动速度和方向；

2）锚杆拉力和预应力损失监测，应选择有代表性的锚杆，测定锚杆（索）应力和预应力损失；

3）非预应力锚杆的应力监测根数不宜少于锚杆总数的5%，预应力锚索的应力监测根数不应少于锚索总数的10%，且不应少于3根；

4）监测方案可根据设计要求、边坡稳定性、周边环境和施工进程等因素确定，当出现险情时应加强监测；

5）一级边坡工程竣工后的监测时间不应少于两年。

第十四节　工 程 实 例

1. 北京某高层建筑沉降监测

北京某高层商务楼建筑，17层（层高5.4m），剪力墙结构。采用刚性桩复合地基，桩长约25m，桩端下有不少于10m的可塑粉制黏土。地基处理设计单位的沉降计算采用设计院提供的荷载、勘察报告的有关的参数，按有关规范规定计算沉降不大于50mm。单桩复合地基承载力检测合格。建筑物结构封顶后，沉降逐渐增大。至精装修结束前，最大沉降已超过180mm。此时主楼日沉降仍在0.06～0.15mm之间徘徊，值得庆幸的是，由于剪力墙结构刚度较大，沉降很均匀。

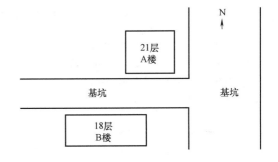

图2-24　基坑平面示意图

2. 山西某基坑支护监测

山西某基坑见图2-24，建筑物A、B东侧基坑深15m（采用桩锚支护），已挖至坑底，建筑物均向东侧倾斜，通过采取措施后，建筑物倾斜趋于稳定。建筑物A、B间基坑（采用连续墙＋钢管内支撑）开挖后，由于基坑超挖等原因，建筑物A、B均相向倾斜。A楼的东南角和B楼的东北角沉降最大，其中A楼的东南角三天内沉降达7mm。

3. 天津某基坑支护监测

天津某基坑深10m，采用桩＋混凝土内支撑支护结构，三轴水泥搅拌桩止水帷幕。基坑东侧约4m为一层保护性建筑物。基坑挖至坑底时，两建筑物连接处拉裂。查监测记录，观察井水位无显著变化，基坑顶部支撑处水平位移很小（每日测），深层水平位移最大点（基底上）已超过5mm/d（每三天一测），建筑物连接处沉降最大时已达4mm/d。有关单位认定施工单位挖至基底时，素混凝土垫层未能及时与支护桩抵紧。另有业主聘请的个别专家认为保护性建筑物已成危房。

基坑东侧建筑物沉降不均匀引起的裂缝与基坑水平位移有关。由于天津为沿海软土地区，基坑东侧一层建筑物的刚度较小（离基坑较近），如支护桩的刚度不足以限制水平位移的发展，则会造成桩鼓肚子（见图2-25，素混凝土垫层未能及时抵紧支护桩只是原因之一）。

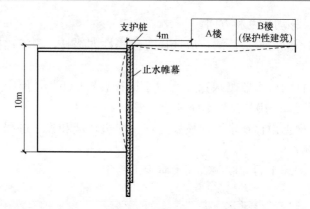

图 2-25　基坑剖面及周边建筑物示意图

至于建筑物开裂后是否为危房，应按照有关规范规定甄别。对于此类砌体结构，主要看该建筑物的局部倾斜值是否超规范，即看此建筑物墙（条基）下纵横向 6～10m 的沉降差与测距之比（局部倾斜值）是否满足规范要求。沉降观测数据表明该建筑物的局部倾斜小于 3‰。

参 考 文 献

［1］　中国建筑科学研究院. 建筑地基基础设计规范 GB 50007—2011［S］. 北京：中国建筑工业出版社，2011.

［2］　韩继云主编. 建筑物检测鉴定加固改造技术与工程实例［M］. 北京：化学工业出版社，2008.

［3］　上海市勘察设计行业协会等主编. 基坑工程技术规范 DG/TJ 08-61—2008［S］.

［4］　建筑边坡工程技术规范 GB 50330—2014［S］. 北京：中国建筑工业出版社，2014.

第三章　变形监测技术

第一节　仪器设备选择

1. 监测仪器选择的重要性

观测成果的可靠性和应用的及时性，取决于仪器的性能及其使用条件。同时，也取决于工作人员的素质。负责监测设计、施工和运行管理的技术人员，必须有丰富的经验和明确的目的，懂得仪器的各种性能，并能够发现和检查不正常的仪器读数、记录任何可能对数据有影响的不正常的施工活动和运行条件的发生；对有疑问的数据产生原因能当场查明，确定数据是否反映仪器所在处的真实情况。设计、安装和测读人员能做到细心地对待和运用技巧等要求，都需要工作人员对仪器的用途、原理、结构、性能和使用条件熟悉和了解。

2. 选择仪器的基本原则[1]

1）选择仪器时，应事先对仪器的条件和使用历史有比较详细的了解。这些应包括仪器正常运行过的最长年限和使用环境、仪器事故率、准确度和精度的变化范围等性能记载资料，它比仪器出厂说明书和仪器的率定资料更能说明仪器的真实性能。

2）要有可靠的、能保证仪器工作性能的制造厂家。主要根据该厂仪器产品在各种使用条件下的完好率和保证期两个条件来判别。

3）仪器必须有足够的准确性，而且耐久性、可重复使用性和校正的一致性应具有足够的可靠性。不可过分注重仪器的外观，要看其内芯的好坏，如弦式仪器的关键是弦的质量、组装工艺水平和弦密封；电阻式仪器的关键是电阻丝的质量和绝缘保证。

4）仪器选择时，必须根据工程性态的预测结果、物理量的变化范围、使用条件和使用年限确定仪器类型和型号。

3. 常见监测仪器介绍

（1）水准仪

主要部件有望远镜、管水准器（或补偿器）、垂直轴、基座、脚螺旋。按结构分为微倾水准仪、自动安平水准仪、激光水准仪和数字水准仪（又称电子水准仪）。按精度分为精密水准仪和普通水准仪（图 3-1）。

（2）精密水准仪

用于二等水准测量以上的高精度水准仪（图 3-2）。

特点：

1）补偿器检查按钮；

2）密封防尘、操作简单；

3）结构紧凑、外形美观；

4）可加配测微器，可用于国家二级水准测量及精密沉降观测；

5）卓越的温度补偿性。

图 3-1　水准仪

图 3-2　精密水准仪

（3）电子水准仪

电子水准仪又称数字水准仪，是以自动安平水准仪为基础，在望远镜光路中增加了分光镜和读数器（CCD Line），并采用条码标尺和图像处理电子系统而构成的光机电测一体化的高科技产品（图 3-3）。

特点：

1）读数客观。不存在误差、误记问题，没有人为读数误差。

2）精度高。视线高和视距读数都是采用大量条码分划图像经处理后取平均得出来的，因此削弱了标尺分划误差的影响（图 3-4）。多数仪器都有进行多次读数取平均的功能，可以削弱外界条件影响。不熟练的作业人员也能进行高精度测量。

图 3-3　电子水准仪

图 3-4　电子水准仪条码尺

3）速度快。由于省去了报数、听记、现场计算的时间以及人为出错的重测数量，测量时间与传统仪器相比可以节省 1/3 左右。

4）效率高。只需调焦和按键就可以自动读数，减轻了劳动强度。视距还能自动记录、检核、处理并能输入电子计算机进行后处理，可实线内外业一体化。

（4）经纬仪

经纬仪是测量工作中的主要测角仪器。由望远镜、水平度盘、竖直度盘、水准器、基座等组成。是用来测量水平或竖直角度的仪器，根据角度测量原理制成，是一种重要的大地测量仪器。测量时，将经纬仪安置在三脚架上，用垂球或光学对点器将仪器中心对准地面测站点上，用水准器将仪器定平，用望远镜瞄准测量目标，用水平度盘和竖直度盘测定水平角和竖直角。经纬仪根据度盘刻度和读数方式的不同，分为光学经纬仪（图 3-5）和电子经纬仪。

（5）电子经纬仪

电子经纬仪是利用光电技术测角，带有角度数字显示和进行数据自动归算及存储装置的经纬仪（图 3-6）。与光学经纬仪相比操作更加简单方便，从而提高了工作效率。光学经纬仪采用读数光路来看到刻度度盘上的角度值，在仪器内部读数窗内的标尺上读数的，电子经纬仪则采用光敏元件来读取数字编码度盘上的角度值，并显示到屏幕上；在仪器表面上的液晶屏上读数的，液晶屏上直接显示了度分秒。

图 3-5　光学经纬仪

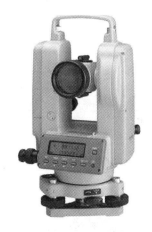

图 3-6　电子经纬仪

（6）全站仪

即全站型电子速测仪（Electronic Total Station）。是一种集光、机、电为一体的高技术测量仪器，是集水平角、垂直角、距离（斜距、平距）、高差测量功能于一体的测绘仪器系统。其类型主要有：编码盘测角系统、光栅盘测角系统及动态（光栅盘）测角系统等三种。几乎可以用在所有的测量领域。

全站仪（图 3-7）按测量功能分类，可分成四类。

1）经典型全站仪（Classical Total Station）

经典型全站仪也称为常规全站仪，它具备全站仪电子测角、电子测距和数据自动记录等基本功能，有的还可以运行厂家或用户自主开发的机载测量程序。其经典代表为徕卡公司的 TC 系列全站仪。

2）机动型全站仪（Motorized Total Station）

在经典全站仪的基础上安装轴系步进电机，可自动驱动全站仪照准部和望远镜的旋转。在计算机的在线控制下，机动型系列全站仪可按计算机给定的方向值自动照准目标，并可实现自动正、倒镜测量。徕卡 TCM 系列全站仪就是典型的机动型全站仪。

3）无合作目标性全站仪（Reflectorless Total Station）

无合作目标型全站仪是指在无反射棱镜的条件下，可对

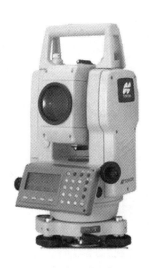

图 3-7　全站仪

33

一般的目标直接测距的全站仪。因此，对不便安置反射棱镜的目标进行测量，无合作目标型全站仪具有明显优势（图 3-8）。如徕卡 TCR 系列全站仪，无合作目标距离测程可达 1000m，可广泛用于地籍测量、房产测量和施工测量等。

4）智能型全站仪（Robotic Total Station）

在机动化全站仪的基础上，仪器安装自动目标识别与照准的新功能，因此在自动化的进程中，全站仪进一步克服了需要人工照准目标的重大缺陷，实现了全站仪的智能化。在相关软件的控制下，智能型全站仪在无人干预的条件下可自动完成多个目标的识别、照准与测量，因此，智能型全站仪又称为"测量机器人"，典型的代表有徕卡的 TCA 型全站仪等（图 3-9）。

图 3-8　全站仪单棱镜组

图 3-9　智能型全站仪

全站仪与光学经纬仪比较，电子经纬仪将光学度盘换为光电扫描度盘，将人工光学测微读数代之以自动记录和显示读数，使测角操作简单化，且可避免读数误差的产生。电子经纬仪的自动记录、储存、计算功能，以及数据通信功能，进一步提高了测量作业的自动化程度。

（7）激光铅垂仪

激光铅垂仪是指借助仪器中安置的高灵敏度水准管或水银盘反射系统，将激光束导致铅垂方向用于进行竖向准直的一种工程测量仪器，适用于高层建筑物、烟囱及高塔架等的铅直定位测量（图 3-10）。激光铅垂仪投测轴线的投测方法如下：

1）在首层轴线控制点上安置激光铅垂仪，利用激光器底端（全反射棱镜端）所发射的激光束进行对中，通过调节基座整平螺旋，使管水准器气泡严格居中。

2）在上层施工楼面预留孔处，放置接受靶。

3）接通激光电源，启辉激光器发射铅直激光束，通过发射望远镜调焦，使激光束会聚成红色耀目光斑，投射到接受靶上。

4）移动接受靶，使靶心与红色光斑重合，固定接受靶，并

图 3-10　激光铅垂仪

在预留孔四周作出标记，此时，靶心位置即为轴线控制点在该楼面上的投测点。监测中可用于高层建筑物倾斜位移观测。

（8）GPS

GPS 在变形监测中得到了广泛的应用，GPS 变形监测更容易实现自动化系统以及一机多天线监测系统（图 3-11）。GPS 在变形监测中有以下优点：

1）测站间可互不通视。对于传统的地表变形监测方法，点之间只有通视才能进行观测，而运用 GPS 测量的一个显著特点就是点之间无须保持通视，只须保证测站上空开阔即可。

2）可以全天候监测。GPS 测量不受气候条件限制，不论起雾刮风还是雨雪天气，均可正常监测，配备防雷电设施后 GPS 变形监测系统便可实现长期的全天候观测。

3）可用于高精度变形监测，其定位精度可达到±1.0mm。

4）监测自动化，建立无人值守的自动监测系统。GPS 接收机为用户准备了必要的接口，用户可以较为方便地利用各监测点，通过软件控制，实现实时监测和从数据采集、传输、处理、分析、报警到入库的全自动化。

（9）收敛仪

1）收敛仪在地下洞室净空收敛位移观测中应用广泛，因为这种方法简易，可以快速获取资料，是地下工程监测的主要手段。

2）它主要由连接转向、测力、测距三部分组成（图 3-12）。

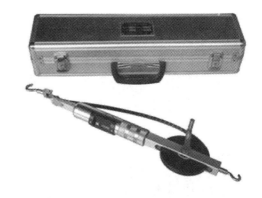

图 3-11 GPS 测量系统　　　　　　　　　　　图 3-12 收敛仪

3）要注意的是：在温度变化超过 2℃ 的环境中使用时，测值需要进行温度改正。

（10）测斜仪

1）主要用于土体（桩、墙体）深层水平位移观测

2）可分为固定式、滑动式两种（图 3-13）。

3）固定式：测头固定埋设在结构物内部的固定点上。

4）滑动式：滑动式即先埋设带导槽的测斜管（图 3-14），间隔一定时间将测头放入管内沿导槽滑动，测定斜度变化，计算水平位移。（常用方式）

图 3-13 滑动式测斜仪

35

（11）单点沉降计

单点沉降计是一种埋入式电感调频类智能型位移传感器，内置电子标签，也可自设编号，直接输出物理量，并可进行存储（图3-15）。测量精度高、稳定性好，可采用人工读数也可采用自动化采集进行长期观测。它由电测位移传感器、测杆、锚头、锚板及金属软管和塑料波纹管等组成。采用钻孔引孔埋设，孔深应达到硬质稳定层（最好为基岩），孔口应平整密实。主要用于公路路基、铁路路基、大坝坝体、沉降试验和各种建筑基础沉降变形测量（图3-16）。

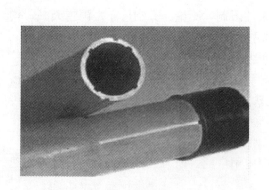

图 3-14　测斜仪导管

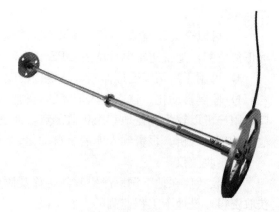

图 3-15　单点沉降计

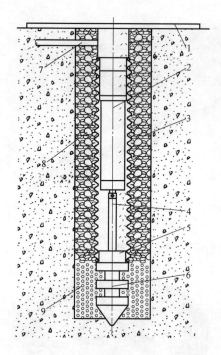

图 3-16　电感式单点沉降计埋设示意图

1—沉降板；2—单点沉降计；3—波纹管；
4—测杆；5—波纹管卡箍；6—锚头；
7—导线；8—回填土；9—浆液

（12）VWM 型振弦式多点位移计

VWM 型振弦式多点位移计适用于长期埋设在水工结构物或土坝、土堤、边坡、隧道等结构物内，测量结构物深层多部位的位移、沉降、应变、滑移等，并可同步测量埋设点的温度（图3-17、图3-18）。多点位移计的位移传感器采用的是 VWD 型振弦式位移计，其由位移计加装配套附件而组成。振弦式位移计是敏感测量元件，其与固定机架的材料线膨胀系数极为接近，经试验温度修正系数甚小，使用中不需要温度修正。

VWM 型振弦式多点位移计主要由位移传感器及护管、不锈钢测杆及 PVC 护管、安装基座、护管连接座、锚头、护罩、信号传输电缆等组成（图3-19）。

1）工作原理[2]：

① 当被测结构物发生位移变形时将会通过多点位移计的锚头带动测杆，测杆再拉动位移计的拉杆产生位移变形。

② 位移计拉杆的位移变形传递给振弦转变成振弦应力的变化，从而改变振弦的振动频率。

③ 电磁线圈激振振弦并测量其振动频率，频率信号经电缆传输至读数装置，即可测出被测结构物的变形量。

④ VWM 型振弦式多点位移计可同步测量埋设点的温度值。

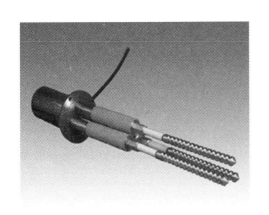

图 3-17　多点位移计 1

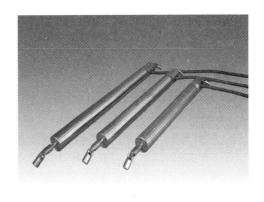

图 3-18　多点位移计 2

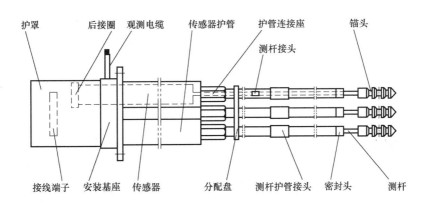

图 3-19　多点位移计结构图

2）计算方法：

当外界温度恒定多点位移计受到轴向位移变形时，其位移变形量 L 与输出的频率模数 ΔF 具有如下线性关系：

$$L = K\Delta F \tag{3-1}$$

$$\Delta F = -F - F_0 \tag{3-2}$$

式中　K——多点位移计的测量灵敏度（mm/F）；

ΔF——多点位移计实时测量值相对于基准值的变化量（F）；

F——多点位移计的实时测量值（F）；

F_0——多点位移计的基准值（F）。

当多点位移计不受外力作用（仪器两端标距不便），而温度增加 ΔT 时，多点位移计有一个输出量 $\Delta F'$，这个输出量仅仅是由温度变化而造成的，因此在计算时应予以扣除。

实验可知 $\Delta F'$ 与 ΔT 具有如下线性关系：

$$L' = k\Delta F' + (b-ha)\Delta T = 0 \tag{3-3}$$

$$k\Delta F' = -(b-ha)\Delta T \tag{3-4}$$

$$\Delta T = T - T_0 \tag{3-5}$$

式中　b——多点位移计的温度修正数（mm/℃）；

　　　ΔT——温度实时测量值相对于基准值的变化量（℃）；

　　　T——温度的实时测量值（℃）；

　　　T_0——温度基准值（℃）；

　　　h——测杆长度（mm）；

　　　a——测杆的线膨胀系数（10^{-6}/℃）。

注：测杆材料为不锈钢，不锈钢的线膨胀系数一般取 16.5×10^{-6}/℃。

当 VWM 型振弦式多点位移计埋设在混凝土结构物或其他结构物内时，受到的是变形和温度的双重作用，因此位移计的一般计算公式为：

$$\left.\begin{aligned} L_m &= k\Delta F + (b-ha)\Delta T \\ &= k(F-F_0) + (b-ha)(T-T_0) \end{aligned}\right\} \tag{3-6}$$

式中　L_m——被测结构物的位移量（mm）。

注：VWM 型振弦式多点位移计中的敏感测量元件，与固定机架的材料线膨胀系数极为接近，试验所得其温度修正系数 b 甚小，由此一般计算可用公式为：

$$\left.\begin{aligned} L_m &= k\Delta F - ha\Delta T \\ &= k(F-F_0) - ha(T-T_0) \end{aligned}\right\} \tag{3-7}$$

多点位移计的埋设分为正向埋设和反向埋设。多点位移计出厂时传感器固定在基座上是以正向埋设方式装配的，此时传感器露出基座上边的部分（X）处在最高位，传感器拉杆量程（Y）处于最大量程位置。

正向埋设：按正装配置排列传感器，仪器安装埋设完成至灌浆前测杆处于悬挂状态，由于测杆自重将会使传感器拉杆位移（Y）处在最大量程位置。当仪器安装完成，测杆锚头灌浆凝固后，需要调整传感器初始值（图 3-20）。反向埋设：多点位移计出厂都是按正装配置排列传感器的，所以反向埋设时首先需拧开护罩顶端的螺母，打开护罩将固定传感器的 M5 内六角螺栓（基座侧面）松开，将位移传感器在基座上边的部分（X）调整到底位，并将传感器的拉杆（Y）收到底位（利用测杆调整），拧紧螺栓固定住传感器即可安装埋设。当测杆锚头灌浆凝固后，需要调整传感器初始值（图 3-21）。

（13）分层沉降仪

结构简单，操作方便。本仪器与 XB 型 PVC 沉降管、沉降磁环及底盖配套使用在软土地基加固、土石坝、基坑开挖、回填、路堤等工程中，测量土体的分层沉降或隆起，也可测量一般堤坝等建筑物的水平（侧向）位移量。既可在施工期间使用，也可作为大坝等建筑物的长期安全监测。

1）分层沉降仪的构造和工作原理

常用的分层沉降仪由磁铁环、保护管、探测头、指示器等组成（图 3-22）。一般情况下，每层土体里应设置一个磁铁环，在基坑土体发生变形的过程中，土层和磁铁环同步下沉或回弹，设在顶部的指示器指示应变的大小，从量测的应变值可得到磁铁环的位移值，最终得到地层的沉降、回弹情况。分层沉降仪安装时，需先在土里钻孔，再将磁铁环埋入孔中预先设置的位置，并在孔中注入由膨润土、细砂、水泥等按比例制成的砂浆将分层沉降测管与孔壁之间的空隙填实（图 3-23）。

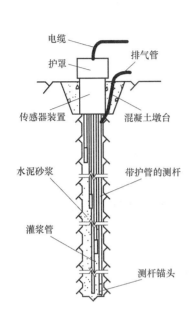

图 3-20 多点位移计正向埋设图

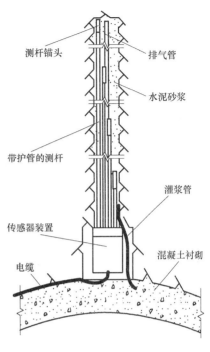

图 3-21 多点位移计反向埋设图

图 3-22 分层沉降仪

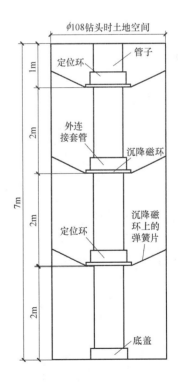

图 3-23 分层沉降仪安装示意图

2）安装施工

① 根据成孔孔深，备好规格合适、总长足够的塑料管，在各段子外部按照预定测点深度的位置装上感应金属环，最底端的管口必须作封堵处理，以防泥砂堵塞。

② 每段管子逐根放入孔内后，应在地表管口上施加压力，使孔底部的管头插入土层中，再向孔壁与管外壁之间的空隙中填入中细砂，以利于感应环更好地随着土层垂向变化而上下移动。

③ 管子全部到位后，应在上部管口作较耐久的标记，以此作为测试时的参照点。测量出每个感应环的初始深度位置，即为以后测试初始参考值。

3）使用方法

测量时，拧松绕线盘后面的止紧螺栓，让绕线盘转动自由后，按下电源按钮（电源指示灯亮），把测头放入导管内，手拿钢尺电缆，让测头缓慢地向下移动，当测头接触到土层中的磁环时，接收系统的音响器会发出连续不断的蜂鸣叫声，此时读写出钢尺电缆在管口处的深度尺寸，这样一点一点地测量到孔底，称为进程测读，用字母 J_i 表示，当在该导管内收回测量电缆时，也能通过土层中的磁环，接收到系统的音响仪器发出的音响，此时也须读写出测量电缆在管口处的深度尺寸，如此测量到孔口，称为回程测读，用字母 H_i 表示，该孔各磁环在土层中的实际深度用字母 S_i 表示。

其计算公式为：

$$S_i = (J_i + H_i)/2 \tag{3-8}$$

式中　i——为一孔中测读的点数，即土层中磁环的个数；

　　　S_i——i 测点距管口的实际深度（mm）；

　　　J_i——i 测点在进程测读时距管口的深度（mm）；

　　　H_i——i 测点在回程测读时距管口的深度（mm）。

（14）水位计

图 3-24　水位计

主要用于观测地下水位变化的仪器，可用来监测由于降水、开挖等地下工程施工引起的地下水位变化（图 3-24）。

1）钢尺水位计能够比较精确地测量水位，通常用于测量井、钻孔及水位管中的水位，特别适合于水电工程中地下水位的观测、深基坑开挖受降水影响的水位监测等。本仪器既可在施工期间使用，也可作为工程的长期安全监测用。

2）水位变化量的测读由两大部分组成：

① 地下材料埋入部分，由水位管（图 3-25）和底盖组成。

② 地面接收仪器——钢尺水位计，由测头、钢尺电缆、接收系统和绕线盘等组成。

SWBS 系列便携式电测水位计适用于地质、矿山、水文等部门的水文观测孔、地质钻孔、水井、水库大坝及江河湖海的直接测量，以替代目前常用的测绳测钟、电线万用表等原始落后的简易测水方法。

SWBS系列便携式电测水位计由测线、探头、水位检测器、卷线轮、支架导电机构、摇把、皮背包等组成，其主要特点是体积小、重量轻、价格便宜、携带方便，和国外西法德赛巴（SEBA）公司同类产品KLL型电测水位计相比，重量轻一半以上（图3-26）。

图3-25　水位管

图3-26　便携式水位计

（15）静力水准仪

静力水准仪属于建筑工程沉降位移监测设备（如：路基、桥梁、地铁、高铁等沉降、大坝沉降等监测），是位移传感器的其中一种（图3-27）；该方法及所选用的仪器依据连通管原理使各个容器实现液面平衡，用电容传感器，分别测量基准点和每个测点容器内液面的相对垂直变化，垂直距离之差就是两点间的高差。分别测出各点相对于基点的相对沉陷量。

高精度静力水准仪是由一系列位移传感器、储液罐浮球等组成[2]，储液罐之间由连通管连通。基准罐（点）置于一个稳定的水平基点，其他储液罐置于标高大致相同的不同位置，当其他储液罐相对于基准罐发生升降时，将引起该罐内液面的上升或下降（图3-28）。通过测量液位的升降变化，了解被测点相对水平基点的升降变形。

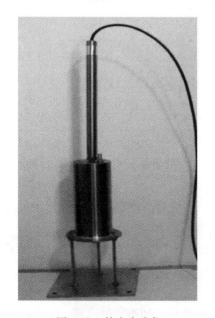

图3-27　静力水准仪

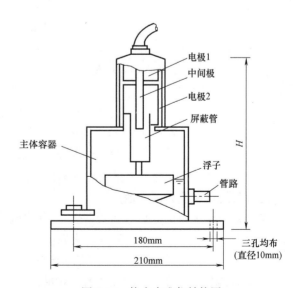

图3-28　静力水准仪结构图

假设共有 $1\cdots n$ 个观测点。各个观测点之间已用连通管连接。

安装完毕后初始状态时各测点的安装高程分别为 $Y_{01}\cdots Y_{0i}\cdots Y_{0j}\cdots Y_{0n}$，各测点的液面高度分别为 $H_{01}\cdots H_{0i}\cdots H_{0j}\cdots H_{0n}$（图 3-29、图 3-30）。

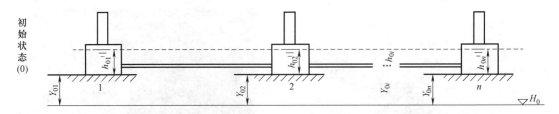

图 3-29　静力水准仪原理图 1

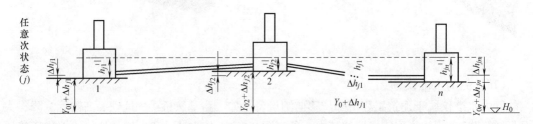

图 3-30　静力水准仪原理图 2

对于初始状态，显然有：

$$Y_{01}+h_{01}=\cdots=Y_{01}+h_{0i}=\cdots=Y_{0i}+h_{j1}=\cdots=Y_{0n}+h_{0n} \tag{3-9}$$

当第 k 次发生不均匀沉降后，各测点由于沉降而引起的变化量分别为：$\Delta h_1\cdots\Delta h_i\cdots\Delta h_j\cdots\Delta h_n$，各测点的液面高度变化为 $h_{k1}\cdots h_{ki}\cdots h_{kj}\cdots h_{kn}\cdots$

由于液面的高度还是相同的，因此有：

$$(Y_{01}+\Delta h_{k1})+h_{k1}=\cdots=(Y_{0j}+\Delta h_{kj})+h_{kj}=\cdots=(Y_{0n}+\Delta h_{kn})+h_{kn} \tag{3-10}$$

第 j 个感测电相对于基准点 i 的相对沉降量为：

$$H_{ji}=\Delta h_{kj}-\Delta h_{ki} \tag{3-11}$$

由式（3-10）可以得出：

$$\Delta h_{kj}-\Delta h_{ki}=(Y_{0j}+h_{kj})-(Y_{0i}+h_{ki})=(Y_{0j}-Y_{0i})+(h_{kj}-h_{ki}) \tag{3-12}$$

由式（3-9）可以得出：

$$Y_{0j}-Y_{0i}=-(h_{0j}-h_{0i}) \tag{3-13}$$

将式（3-13）代入式（3-12），即可得出第 j 个观测点相对于基准点 i 的相对沉降量：

$$H_{ji}=(h_{kj}-h_{ki})-(h_{0j}-h_{0i}) \tag{3-14}$$

由式（3-14）可以看出，只要能够测出各点不同时间的液面高度值，即可计算出各点在不同时刻的相对差异沉降值。

安装完毕待液面稳定后，可以先对传感器调零，此时各个液面的初始高度值（偏差值）均为零，于是式（3-14）可以简化为：

$$H_{ji}=(h_{kj}-h_{ki}) \tag{3-15}$$

即只需读出各个静力水准仪的偏差值，相减即可立即求出各点之间的差异沉降。

（16）测缝计[2]

振弦式测缝计用于检测岩土工程建筑的接缝和位移，适用于长期埋设在混凝土水工建筑内部或其他建筑物表面，如：既有地铁线路隧道、公路隧道、铁路道床等。测量结构物伸缩缝（或裂缝）的开合度，以及结构物的位移量，并可同时测量埋设点的温度（图3-31）。

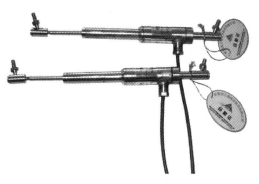

图 3-31　测缝计

振弦式测缝计（位移计）安装于缝隙的两端，当缝隙的开合度发生变化时将通过仪器端块引起仪器内钢弦变形，使钢弦发生应力变化，从而改变钢弦的振动频率。测量时利用电磁线圈激拨钢弦并量测其振动频率，频率信号经电缆传输至频率读数装置或数据采集系统，再经换算即可得到被测结构物伸缩缝或裂缝相对位移的变化量。同时，由测缝计中的热敏电阻可同步测出埋设点的温度值。

振弦式仪器的量测量采用频率模数 F 来度量，其定义为：

$$F=\frac{f^2}{1000} \tag{3-16}$$

式中　f——振弦式仪器中钢丝的自振频率。

1）当外界温度恒定，测缝计仅受到轴向变形时，其变形量与输出的频率模数 ΔF 具有如下线性关系：

$$J'=k\times\Delta F$$

式中　k——测缝计的最小读数（mm/kHz²），由厂家所附卡片给出。

$$\Delta F=F-F_0 \tag{3-17}$$

ΔF——实时测量的测缝计输出值相对于基准值的变化量（kHz²）；

F——实时测量的测缝计输出值（kHz²）；

F_0——测缝计的基准值（kHz²）。

2）当测缝计不受外力作用时仪器前后两安装座的标距不变，若温度增加 ΔT 时，测缝计有一个输出量 $\Delta J'$，这个输出量仅仅是由温度变化而造成的，因此在计算时应给予扣除。

通过实验可知：$\Delta F'$ 与 ΔT 具有下列线性关系：

$$k\times\Delta F'=-b\times\Delta T \tag{3-18}$$

$$\Delta T=T-T_0 \tag{3-19}$$

式中　b——测缝计的温度修正系数（mm/℃），由厂家所附卡片给出；

ΔT——温度实时测量值相对于基准值的变化量（℃）；

T——温度的实时测量值（℃）；

T_0——温度的基准值（℃）。

3）埋设在混凝土建筑物内或其他结构物上的测缝计，受到的是变形和温度的双重作用，因此测缝计一般计算公式为：

$$J=k\times(F-F_0)+(b-\alpha)\times(T-T_0) \tag{3-20}$$

式中　J——被测结构物的变形量（mm）；

　　　α——被测结构物的线膨胀系数（mm/℃）。

仪器的线性膨胀系数大致在 11.0×10^{-6} mm/℃，非常接近混凝土的线性膨胀系数 α，因此温度修正几乎可以忽略。由于温度修正系数 $b-\alpha\approx0$，测缝计一般计算公式为：

$$J=k\times\Delta F \qquad (3-21)$$

仪器结构：

振弦式测缝计主要由振弦式敏感部件、拉杆及激振拾振电磁线圈等组成，根据应用需求有埋入式和表面安装两种基本结构形式。

埋入式测缝计外部由保护管、滑动套管和凸缘盘构成，如图 3-32 所示。

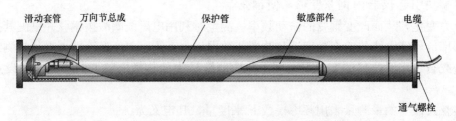

图 3-32　测缝计内部构造图

表面安装型测缝计的两端采用带固定螺栓的万向节，以便与两端的定位装置连接。其外形如图 3-33 所示。

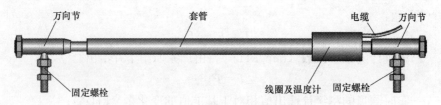

图 3-33　测缝计外形

缝隙的开合：

1）监测缝隙开合度时，宜采用表面安装型测缝计跨缝隙安装；

2）当被监测对象是钢结构时，可采用焊接方法进行安装。将两个镀锌定位块安装在钢结构表面上，定位块在定位时先用一个带万向节和固定螺栓的测缝计进行预安装，调整好位置后先点焊，再检测并确认位置和预拉值均合适后，将定位块与钢结构焊牢（图 3-34）。

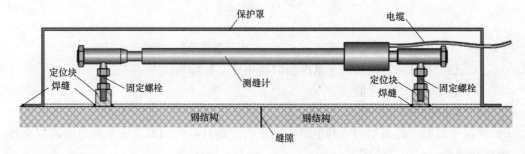

图 3-34　测缝计表面安装形式图

压力（应力）观测仪器

压力或应力测量仪器的种类很多。常用的有差动电阻式压应力计和土压力计、钢弦式压力计和液压应力计。由于在理论上和技术上还需进一步探讨，所以使用时都十分谨慎，认为压应力与其邻近材料之间的阻抗匹配是重要的，为此应满足压应力计厚度与直径之比最小和压应力挠曲变形与其周围材料挠曲变形相当的要求。此外，在埋设回填料和校准压应力计的荷载过程中应该特别地谨慎。仪器埋设时，都特别注意减小埋设效应的影响，认真做如仪器基床面的制备。有些工程为了慎重，在关键部位一般都安装两种不同类型的压力计，其中一种为备用。

（17）土压力计

1）土压力盒是用于测量界面接触应力的仪器；

2）土压力计按埋入方式分为埋入式和边界式两种；

3）土压力盒是置于土体与结构界面上或埋设在自由土体中，用于测量土体对结构的土压力及地层中土压力变化的测量传感器；

4）根据其内部结构不同，土压力盒有钢弦式、差动电阻式、电阻应变式等多种形式。振弦式土压力计适用于各类水利水电工程，长期测量土石坝、深基坑围护结构、边坡、路基等结构物内部土体的压应力，是了解被测结构物内部土压力变化量的有效监测设备，并同步测量埋设点的温度（图 3-35）。

振弦式土压力计计算公式：

$$P_m = K\Delta F + b\Delta T = K(F-F_0) + b(T-T_0)$$
$$(3-22)$$

式中　K——土压力计测量应力值的最小读数（kPa/F）；

ΔF——土压力计实时测量值相对于基准值的变化量（F）；

F——土压力计的实时测量值（F）；

F_0——土压力计的基准值（F）；

b——土压力计的温度修正系数（kPa/℃）；

ΔT——温度实时测量值相对于基准值的变化量（℃）；

T——温度的实时测量值（℃）；

T_0——温度的基准值（℃）。

图 3-35　土压力计

（18）钢筋计

图 3-36　钢筋计

钢筋计适用于长期埋设在水工结构物或其他混凝土结构物内，测量结构物内部的钢筋应力，并可同步测量埋设点的温度。其是串联于结构受力钢筋之中，用以测量钢筋应力变化的传感器（图 3-36）。钢筋计与受力主筋一般通过连杆电焊或直螺纹的方式连接。

1）工作原理：

当被测结构物内部的钢筋发生应力变化时，钢套同步产生变形，变形使钢筋计感受拉伸和压缩的变形，变形传递给振弦转变成振弦应力的变化，从而改变振弦的振动频率。电磁线圈激振振弦并测量其振动频率，频率信号经电缆传输至读数装置，即可测出被测结构物内钢筋所受的应力。同时，可同步测量埋设点的温度值。

2）计算方法：

① 当外界温度恒定，钢筋计仅受到轴向应力时，其应力 σ 与输出的频率模数 ΔF 具有如下线性关系：

$$\sigma = K\Delta F \tag{3-23}$$
$$\Delta F = F - F_0 \tag{3-24}$$

式中　K——钢筋计的测量灵敏度（MPa/F）；

　　　ΔF——钢筋计实时测量值相对于基准值的变化量（F）；

　　　F——钢筋计的实时测量值（F）；

　　　F_0——钢筋计的基准值（F）。

② 当钢筋计不受外力作用，而温度增加 ΔT 时，钢筋计有一个输出量 $\Delta F'$，这个输出量仅仅是由温度变化而造成的，因此在计算时应给予扣除。

试验可知 $\Delta F'$ 与 ΔT 具有如下线性关系：

$$\sigma = K\Delta F' + b\Delta T = 0 \tag{3-25}$$
$$K\Delta F' = -b\Delta T \tag{3-26}$$
$$\Delta T = T - T_0 \tag{3-27}$$

式中　b——钢筋计的温度修正系数（MPa/℃）；

　　　ΔT——温度实时测量值相对于基准值的变化量（MPa/℃）；

　　　T——温度的实时测量值（℃）；

　　　T_0——温度的基准值（℃）。

③ 埋设在围护结构物或其他混凝土结构物内的钢筋计，受到的是应力和温度的双重作用，因此钢筋计一般计算公式为：

$$\sigma_m - K\Delta F + b\Delta T = K(F - F_0) + b(T - T_0) \tag{3-28}$$

式中　σ_m——被测结构物钢筋所受的应力值（MPa）。

（19）渗压计[2]

常用的渗压计有气压式和电测式，后者又有差动电阻式和钢弦式两种（图 3-37）。气压渗压计使用效果一直很好，但目前人们却更愿意使用电测渗压计，因为它便于实现遥测和自动化。

渗压计在岩土工程监测中属不可少的仪器，广泛地用于渗流压力、土体孔隙水压力、基础扬压力和衬砌的外水压力观测。

渗压计的使用条件容易控制，但埋设时都十分谨慎，一方面严格做到渗压计对

图 3-37　渗压计

使用条件的要求，同时还要注意做到不能因为渗压计的埋入而改变所在位置的观测条件。

1）渗压计的特点

① 采用振弦式理论设计制造，具有高灵敏度、高精度、高稳定性的特点，适应于长期观测。

② 采用数字信号检测，信号长距离传输不失真，抗干扰能力强。

③ 绝缘性能良好，防水耐用。

④ 采用脉冲激振方式，激振、测试速度快。

⑤ 测量直观、简便、快捷，完全自动，无人值守。

2）渗压计的计算方法

渗压计的一般计算公式：

$$P_m = K\Delta F + b\Delta T = K(F_0 - F) + b(T - T_0) - Q \tag{3-29}$$

式中　P_m——被测渗透（孔隙）水压力量（kPa）；

　　　　K——渗压计的测量灵敏度（kPa/F）；

　　　　ΔF——渗压计基准值相对于实时测量值的变化量（F）；

　　　　b——渗压计的温度修正系数（kPa/℃）；

　　　　ΔT——温度实时测量值相对于基准值的变化量（℃）；

　　　　F_0——渗压计的测量基准值（F）；

　　　　F——渗压计的实时测量值（F）；

　　　　T——温度的实时测量值（℃）；

　　　　T_0——温度的测量基准值（℃）；

　　　　Q——若大气压力有较大变化时，应予以修正。

3）渗压计的应用

① 基础、填筑体、挡土墙和水坝中的孔隙水压力监测；

② 自然或切割边坡的稳定调查研究；

③ 隧洞、矿井、管线及其他地下工程的稳定调查研究；

④ 抽水井、观测井及水库堤坝的降压与恢复试验；

⑤ 降低灌溉、排水及渗透性试验中的孔隙水压力的监测；

⑥ 包括地表水位高度、井和供水在内的地理水文方面的调查研究；

⑦ 包括垃圾填埋场、污染控制和管线泄漏在内的垃圾和环境管理相关应用方面的孔隙水压力监测。

4）渗压计的安装与使用

以在填土和坝体上的安装为例，渗压计出厂时通常都提供有可直接埋入式电缆，以便在高速公路、大坝等现场布置，绝大多数情况下渗压计可以直接放在混凝土或土体里，如果出现有大粒径的骨料时，可将渗压计装入浸透水的砂袋，并采用适当的措施保护电缆以避免大骨料对电缆的损伤（图 3-38、图 3-39）。

低通气滤体透水石适用于大多数的日常测量。而在细的黏土中，在渗压计的周围不要用砂袋。在经常碾压的地区或预计位移较大的地区，就应该使用铠装电缆，特别是沿坝轴线布置时最好采用。

电缆通常是安装在地沟内，用小粒径骨料的材料来回填。回填时要小心地用人工方法

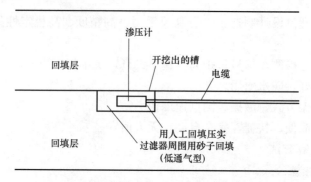

图 3-38　渗压计安装示意图

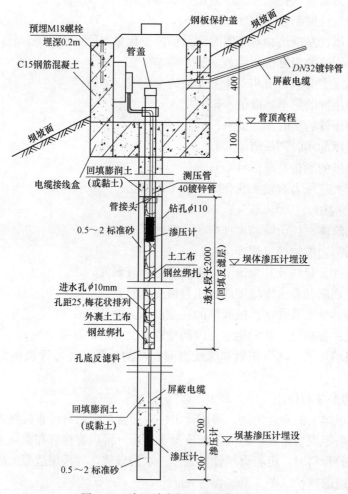

图 3-39　渗压计大坝监测安装示意图

在电缆周围捣实，并以规定的间隔用膨润土填充，以免沿电缆沟形成渗流通道。

　　5）安装程序

　　① 根据结构和设计要求选定测试点。

② 将渗压计连接好相应的智能检测仪表，读取初始读数作为零点数据及相应信号存档。

③ 将渗压计小心地放入测试孔或测压管等测试点的相应深度位置。

④ 将导线沿结构体引出，外部最好采用护套管保护。

⑤ 数据计算处理。

（20）锚索测力计

在使用预应力锚锁加固的工程监测中，锚固荷载观测仪器已经是加固系统不可少的组成部分（图3-40）。常用于测量或监测各种锚杆、锚索的载荷或预应力变化。最初，用其提供预应力锚锁安装方法的有效性依据；在运行期，监测锚锁由于材料腐蚀产生断丝和锚固段损坏，而发生失去作用的情况；当设计将被锚固的破坏面上的剪切阻力估计得过高时，测力计能尽早地指示出设计的不合理性。因此，为采取补救措施提供了时间。多弦传感器的设置，可以消除不均匀荷载或偏心负荷的影响。

工作原理：

锚索测力计在测力钢筒上均布着数支振弦式应变计，当荷载使钢筒产生轴向变形时，应变计与钢筒产生同步变形，变形使应变计的振弦产生应力变化，从而改变振弦的振动频率。电磁线圈激振振弦并测量其振动频率，频率信号经电缆传输至读数装置，即可测出引起受力钢筒变形的应变量，代入标定系数可算出锚索测力计所感受到的荷载值。

（21）轴力计

用于不同场合下加载力的测量（图3-41）。在高强度合金圆柱筒内装有1个高精度振弦传感器，多弦传感器的设置，可以消除不均匀荷载或偏心负荷的影响。轴力计根据张力弦原理制造，使用频率作为输出信号，抗干扰能力强，远距离输送产生的误差极小；并且内置温度传感器，对外界温度影响产生的变化进行温度修正；每个传感器内部有计算芯片，自动对测量数据进行换算而直接输出物理量，减少人工换算的失误和误差；全部元器件进行严格测试和老化筛选，尤其是高低温应力消除试验，增强弦的稳定性和可靠性。

图3-40　锚固荷载测力计

图3-41　支撑轴力计

（22）应变计

应变计是用于监测结构承受荷载、温度变化而产生变形的监测传感器。与应力计所不同的是，应变计中传感器的刚度要远远小于监测对象的刚度。根据应变计的布置方式，可分为表面应变计和埋入式应变计（图3-42～图3-44）。主要用于地铁明挖车站混凝土支撑、地下连续墙、冠梁、围护桩等工程。

图 3-42 表面式应变计   图 3-43 埋入式应变计

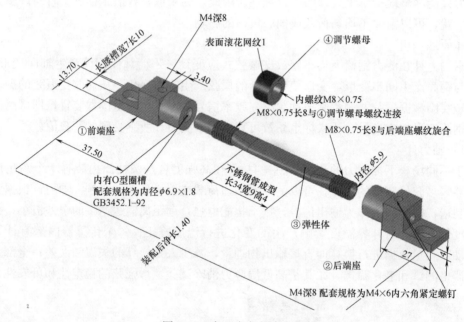

图 3-44 表面式应变计分解图

1）工作原理[2]：当被测结构内部的应力发生变化时，应变计同步感受变形，变形通过前、后端座传递给振弦转变成振弦应力的变化，从而改变振弦的振动频率。电磁线圈激振振弦并测量其振动频率，频率信号经电缆传输至读数装置，即可测出被测结构物内部的应变量。同时，可同步测出埋设点温度。

2）计算：

① 当外界温度恒定，应变计受到轴向变形时，其应变量 ε 与输出的频率模数 ΔF 具有如下线性关系：

$$\varepsilon = K\Delta F \tag{3-30}$$

$$\Delta F = F - F_0 \tag{3-31}$$

式中　K——应变计的测量灵敏度（$10^{-6}/F$）；

　　　ΔF——应变计实时测量值相对于基准值的变化量（F）；

　　　F——应变计的实时测量值（F）；

F_0——应变计的基准值（F）。

② 当应变计不受外力作用（仪器两端标距不变），而温度增加 ΔT 时，应变计有一个输出量 $\Delta F'$，这个输出量仅仅是由温度变化而造成的，因此在计算时应给予扣除。

实验可知 $\Delta F'$ 与 ΔT 具有下列线性关系：

$$\varepsilon' = K\Delta F' + b\Delta T = 0 \tag{3-32}$$

$$K\Delta F' = -b\Delta T \tag{3-33}$$

$$\Delta T = T - T_0 \tag{3-34}$$

式中　b——应变计的温度修正系数（$10^{-6}/℃$）；

　　　ΔT——温度实时测量值相对于基准值的变化量（℃）；

　　　T——温度的实时测量值（℃）；

　　　T_0——温度的基准值（℃）。

③ 埋设在水工结构物或其他混凝土结构物中的应变计，受到的是变形和温度的双重作用，此时的温度修正系数应为应变计的温度修正系数与被测结构物的线膨胀系数之差，因此应变计一般计算公式为：

$$\varepsilon_m = K\Delta F + b'\Delta T = K(F - F_0) = (b - a)(T - T_0) \tag{3-35}$$

式中　ε_m——被测结构物的应变量（10^{-6}）；

　　　a——被测结构物的线膨胀系数（$10^{-6}/℃$）。

3）安装方法：每只应变计都应按设计规定的埋设位置和方向准确的定位，分为表面式和埋入式。安装埋设前有必要对仪器进行一次检测，发现问题可及时处理和更换，杜绝带病的仪器被安装埋设。

① 表面式：安装用于长期观测的表面应变计，应先将配好对的夹具安装试棒，安装时两夹具的底面应在同一平面上，两夹具紧固螺栓中心孔距应为100mm（仪器标距）。利用装好试棒的夹具，在仪器固定位置（观测点）画点，在被测结构物画点的部位打孔，安装膨胀螺栓，然后将装有试棒的夹具组固定在被测结构物上，即完成仪器夹具的安装（图3-45）。

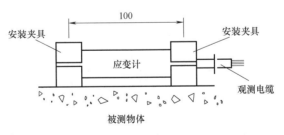

图 3-45　表面式应变计安装示意图

安装用于临时测量的表面应变计，一般是将夹具用胶粘贴在被测结构物上。首先将被测结构物需要安装夹具的部位整平打毛，将装有试棒的夹具底部的中间（在同一平面上）涂上 AB 胶（快干环氧树脂胶），沿夹具四周涂上 502 快干胶，随即粘贴在被测结构物整平打毛部位上，压紧 2min 左右即可松手，10min 左右即可粘贴牢固。

② 埋入式：可把应变计（包括电缆）按设计方向固定在埋设位置的钢筋笼上安装，仪器固定可采用胶带、自锁扎带、细钢丝捆扎，捆扎要牢靠，要保证灌注混凝土时位置不宜移动。观测电缆同样捆扎在钢筋上，但捆扎时一定要松弛，靠近仪器的地方要打回环。

并登记好每个测试点的应变计编号，保存好记录资料（图3-46）。

图3-46 埋入式应变计现场安装图

（23）振弦式频率读数仪

振弦式频率读数仪（以下简称读数仪）适用于测读非连续激振型各种类型的振弦式传感器，如：钢支撑轴力计、土压力计、渗压计、应变计等，并能适应在工程现场气候环境下正常工作。读数仪中有中文菜单，大屏幕带背光显示屏、谐振频率和温度，可直接显示读数，也可以自动转换为测值（物理量），同时读数仪还可测量振弦式传感器内置的热敏电阻并转换成温度显示。具有读取传感器序列号和参数，多弦仪器实时测量、温度电阻选择（2K或3K、5K）、电源电压监测、测量数据存储、计算机通信、离线自动关机等功能（图3-47、表3-1）。

GN-103A/B型读数仪适用于测读测斜仪、倾斜仪、电阻式位移计及其他以电压信号输出的传感器，并能适应在岩土工程环境中正常工作。读数仪有智能识别读取传感器编号和参数、中文菜单、大屏幕带背光显示屏、测量数据自动换算物理量、手持线控器存贮、测斜孔深递减、前后测值比对、测值补测、自动间隔测量存贮、计算机USB口通信、离线自动关机等功能。振弦读数仪有与计算机通信的功能，当需要将读数仪存储器内的数据传输给计算机时，应先将通信连接电缆一端插到读数仪USB通信接口上，另一端插到计算机USB通信接口上。启动读数仪通信软件，之后按通信软件菜单提示进行操作即可（图3-48、表3-2）。

手持频率读数仪参数　　　　　　　　　　　　　　　　　　表3-1

测量项目	测量范围	最小读数
频率模数（F）	200～25000	0.1
频率值（Hz）	400～5000	0.1
摄氏温度（℃）	−80～+150	0.1

GN-103A/B型读数仪参数　　　　　　　　　　　　　　　表3-2

测量项目	测量范围	最小读数	测量精度
位移读数	±999.99mm	0.01mm	±0.1%F·S
温度读数	−40℃～140℃	0.1℃	±0.1%F·S
气压计读数	0～9999hPa	0.1hPa	±0.1%F·S
水位读数	0～+999999mm	1mm	±0.1%F·S
输出电压	+12V		

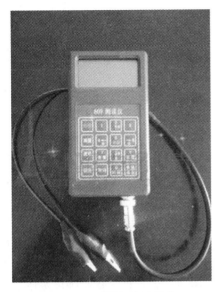

图 3-47 手持频率读数仪　　　　　　　　　　　　图 3-48 便携式频率读数仪

第二节　变形监测相关规范及技术要求

1. 根据规范要求选择监测范围

根据《建筑变形测量规范》JGJ 8—2007 规定，下列建筑在施工和使用期间应进行变形测量：

1）地基基础设计等级为甲级的建筑；

2）复合地基或软弱地基上的设计等级为乙级的建筑；

3）加层、扩建建筑；

4）受邻近深基坑开挖施工影响或受场地地下水等环境因素变化影响的建筑；

5）需要积累经验或进行设计反分析的建筑。

根据《建筑基坑工程监测技术规范》GB 50497—2009 规定，"基坑开挖深度超过 5m，或者开挖深度未超过 5m 但现场地质情况和周围环境较复杂的基坑工程，以及其他需要监测的基坑工程应实施基坑工程监测"。

根据《城市轨道交通工程监测技术规范》GB 50911—2013 规定，城市轨道交通工程施工影响范围内的既有轨道交通设施、建（构）筑物、地下管线、桥梁、高速公路、道路、河流、湖泊等环境对象。基坑支护结构，包括支护桩（墙）和支撑（或锚杆）等结构；隧道支护结构包括超前支护、临时支护、初期支护和二次衬砌等结构；周围岩土包括城市轨道交通基坑、隧道工程施工影响范围内的岩体、土体、地下水等工程地质和水文地质条件等。监测对象宜包括下列内容：

1）基坑工程中的支护桩（墙）、立柱、支撑、锚杆、土钉等结构，矿山法隧道工程的初期支护、临时支护、二次衬砌及盾构法隧道工程中的管片等支护结构；

2）工程周围岩体、土体、地下水及地表；

3）工程周边建（构）筑物、地下管线、高速公路、城市道路、桥梁、既有轨道交通及其他城市基础设施等环境。

2. 监测等级及精度要求

（1）监测工程的等级、设计与实施阶段[1]，应与工程的等级与设计、施工及运行阶段相一致。各阶段的工作应符合以下要求：

1）可行性研究阶段。应提出监测系统的总体设计方案、观测项目及其所需仪器设备的数量和投资估算（一般约占主体建筑物总投资的1%～3%）。

2）初步设计阶段。应优化监测系统的总体设计方案、测点布置、观测设备及仪器的数量和投资概算。

3）招标设计阶段。应提出观测仪器设备的清单、各主要观测项目及测次；各观测设施、仪器安装技术要求及投资预算。

4）施工阶段。应根据监测系统设计和技术要求，提出施工详图。承包商应编制施工方案，做好仪器设备的安装、埋设、调试和保护、电缆走线和安全观测，并应保证观测设施的完好率及观测数据连续、准确、完整。工程竣工验收时，应将观测设施和竣工图、埋设记录、施工期观测记录，以及整理分析等全部资料汇编成正式文件，移交管理单位。

5）初期运行阶段（或初期蓄水阶段）。应制订监测工作计划和主要的监控技术指标，在初期运行时做好安全监测工作，并取得连续性的工程初始状态资料，对工程安全作出初步评估。

6）正常运行阶段。应根据正常运行阶段的监测设计，进行正常的和特殊的巡视检查与观测工作。并对监测系统的设施进行检查、维护、校验、更新、完善，对监测资料进行整编、分析、作出工程性态评价，提出监测报告和安全预报意见。

（2）根据《建筑变形测量规范》JGJ 8—2007规定，各测量标准可按照以下各表标准执行。

1）建筑变形测量的级别、精度指标及其适用范围应符合表3-3的规定。

建筑变形测量的级别、精度指标及其适用范围　　　　　　　　　　　　表3-3

变形测量级别	沉降观测	位移观测	主要适用范围
	观测点测站高差中误差（mm）	观测点坐标高差中误差（mm）	
特级	±0.05	±0.3	特高精度要求的特种精密工程的变形测量
一级	±0.15	±1.0	地基基础设计为甲级的建筑物的变形测量；重要的古建筑和特大型市政桥梁等变形测量
二级	±0.5	±3.0	地基基础设计为甲、乙级的建筑的变形测量；场地滑坡测量；重要管线的变形测量；地下工程施工及运营中的变形测量；大型市政桥梁的变形测量等
三级	±1.5	±10.0	地基基础设计为乙级、丙级的建筑的变形测量；地表、道路及一般管线的变形测量；中小型市政桥梁的变形测量等

注：1. 观测点测站高差中误差，系指水准测量的测站高差中误差或静力水准测量、电磁波测距三角高程测量中相邻观测点相应测段间等价的相对中误差；

2. 观测点坐标中误差，系指观测点相对测站点（如工作基点）的坐标中误差、坐标差中误差以及等价的观测点相对基准线的偏差值中误差、建筑或构件相对底部固定点的水平位移分量中误差；

3. 观测点点位中误差为观测点坐标中误差的$\sqrt{2}$倍。

2）除特级控制网和其他大型、复杂工程以及有特殊要求的控制网应专门设计外，对于一、二、三级平面控制网，测角网、测边网、边角网、GPS网应符合表3-4的规定。

平面控制网技术要求　　　　　　表3-4

级别	平均边长 （m）	角度中误差 （″）	边长中误差 （mm）	最弱边边长 相对中误差
一级	200	±1.0	±1.0	1：200000
二级	300	±1.5	±3.0	1：100000
三级	500	±2.5	±10.0	1：50000

注：1. 最弱边边长相对中误差中未计及基线边长误差影响。
　　2. 有下列情况之一时，不宜按本规定，应另行设计：
　　　　1）最弱边边长中误差不同于表列规定时；
　　　　2）实际平均边长与表列数值相差大时；
　　　　3）采用边角组合网时。

3）水准观测的视线长度、前后视距差和视线高度应符合表3-5的规定。

水准观测的视线长度、前后视距差和视线高（m）　　表3-5

级别	视线长度	前后视距差	前后视距差累计	视线高度
特级	≤10	≤0.3	≤0.5	≥0.8
一级	≤30	≤0.7	≤1.0	≥0.5
二级	≤50	≤2.0	≤3.0	≥0.3
三级	≤75	≤5.0	≤8.0	≥0.2

注：1. 表中的视线高度为下丝读数；
　　2. 当采用数字水准仪观测时，最短视线长度不宜小于3m，最低水平视线高度不低于0.6m。

4）水准观测的限差应符合表3-6的规定。

水准观测的限差　　　　　　表3-6

级别		基辅分划 读数之差	基辅分划所 测高差之差	往返较测及附合 或环线闭合差	单程双测站所 测高差较差	检测已测测 段高差之差
特级		0.15	0.2	≤$0.1\sqrt{n}$	≤$0.07\sqrt{n}$	≤$0.15\sqrt{n}$
一级		0.3	0.5	≤$0.3\sqrt{n}$	≤$0.2\sqrt{n}$	≤$0.45\sqrt{n}$
二级		0.5	0.7	≤$1.0\sqrt{n}$	≤$0.7\sqrt{n}$	≤$1.5\sqrt{n}$
三级	光学测微法	1.0	1.5	≤$3.0\sqrt{n}$	≤$2.0\sqrt{n}$	≤$4.5\sqrt{n}$
	中丝读书法	2.0	3.0			

注：1. 当采用数字水准仪观测时，对同一尺面的两次读数差不设限差，两次读数所测高差之差的限差执行基辅分划所测高差之差的限差；
　　2. 表中n为测站数。

5）静力水准测量的技术要求应符合表3-7的规定。

6）电磁波测距三角高程测量观测的限差应符合表3-8的要求。

7）方向观测法观测的限差应符合表3-9的规定。

8）电磁波测距仪测距的技术要求，除特级和其他有特殊要求的边长须专门设计外，对一、二、三级位移观测应符合表3-10的要求。

静力水准观测技术要求

表 3-7

级　别	特级	一级	二级	三级
仪器类型	封闭式	封闭式、敞口式	敞口式	敞口式
读数方式	接触式	接触式	目视式	目视式
两次观测高差较差(mm)	±0.1	±0.3	±1.0	±3.0
环线及附合线路闭合差(mm)	$±0.1\sqrt{n}$	$±0.3\sqrt{n}$	$±1.0\sqrt{n}$	$±3.0\sqrt{n}$

注：n 为测站数。

电磁波三角高程测量的限差 （mm）

表 3-8

级　别	附合线路或环线闭合差	检测已测边高差之差
二级	$≤±4\sqrt{L}$	$≤±6\sqrt{D}$
三级	$≤±12\sqrt{L}$	$≤±18\sqrt{D}$

注：D 为测距边边长，以 "km" 为单位；L 为附合路线或环线长度，以 "km" 为单位。

方向观测法限差

表 3-9

仪器类型	两次照准目标读数差	半测回归零差	一测回内 2C 互差	同一方向值各测回互差
DJ$_{05}$	2	3	5	3
DJ$_1$	4	5	9	5
DJ$_2$	6	8	13	8

注：当照准方向的垂直角度超过±3°时，该方向的 2C 互差可按同一观测时间段内相邻测回进行比较，其差值仍按表中规定。

电磁波测距技术要求

表 3-10

级别	仪器精度等级（mm）	每边测回数		一测回读数间较差限值（mm）	单程测回间较差限值（mm）	气象数据测定的最小读数		往返或时间段较差限值
						温度（℃）	气压（mmHg）	
一级	≤1	4	4	1	1.4	0.1	0.1	
二级	≤3	4	4	3	5.0	0.2	0.5	$\sqrt{5}(a+10^{-6}×bD)$
三级	≤5	2	2	5	7.0	0.2	0.5	
	≤10	4	4	10	15.0	0.2	0.5	

注：1. 仪器精度等级系根据仪器标称精度（$a+10^{-6}×bD$），以相应级别的平均边长 D 代入计算的测距中误差划分；

　　2. 一测回是指照准目标一次、读数 4 次的过程；

　　3. 时段是指测边的时间段，如上午、下午和不同的白天。可采用不同时段观测代替往返观测。

9）GPS 测量的基本技术要求应符合表 3-11 的规定。

GPS 测量的基本技术要求

表 3-11

级别		一级	二级	三级
卫星截止高度角(°)		≥15	≥15	≥15
有效观测卫星数		≥6	≥5	4
观测时间长度(min)	静态	30～90	20～60	15～45
	快速静态	—	—	≥15

级别		一级	二级	三级
数据采样间隔(s)	静态	10～30	10～30	10～30
	快速静态	—	—	5～15
PDOP		≤5	≤6	≤6

（3）根据《建筑基坑工程监测技术规范》GB 50497—2009 的规定对基坑工程监测等级进行划分，规范规定基坑工程监测等级应根据基坑安全等级、周边环境等级及地基复杂程度进行划分。《建筑基坑支护技术规程》JGJ 120—2012 的划分方法，当基坑支护设计时，应综合考虑基坑周边环境和地质条件的复杂程度、基坑深度等因素，按表 3-12 采用支护结构的安全等级。对同一基坑的不同部位，可采用不同的安全等级。

基坑侧壁安全等级　　　　表 3-12

安全等级	破 坏 后 果
一级	支护结构破坏、土体失稳或过大变形对基坑周边环境及地下结构施工影响很严重
二级	支护结构破坏、土体失稳或过大变形对基坑周边环境及地下结构施工影响一般
三级	支护结构破坏、土体失稳或过大变形对基坑周边环境及地下结构施工影响不严重

注：有特殊要求的建筑基坑侧壁安全等级可根据具体情况另行规定。

《建筑地基基础设计规范》GB 50007—2011 规定，地基基础设计应根据地基复杂程度、建筑物规模和功能特征以及由于地基问题可能造成建筑物破坏或影响正常使用的程度分为三个设计等级，设计时应根据具体情况，按表 3-13 选用。

地基基础设计等级　　　　表 3-13

设计等级	建筑和地基类型
甲 级	重要的工业与民用建筑物 30 层以上的高层建筑 体形复杂，层数相差超过 10 层的高低层连成一体的建筑物 大面积的多层地下建筑物（如地下车库、商场、运动场等） 对地基变形有特殊要求的建筑物 复杂地质条件下的坡上建筑物（包括高边坡） 对原有工程影响较大的新建建筑物 场地和地基条件复杂的一般建筑物 位于复杂地质条件及软土地区的二层及二层以上地下室的基坑工程 开挖深度大于 15m 的基坑工程 周边环境条件复杂、环境保护要求高的基坑工程
乙 级	除甲级、丙级以外的工业与民用建筑物 除甲级、丙级以外的基坑工程
丙 级	场地和地基条件简单、荷载分布均匀的七层及七层以下民用建筑及一般工业建筑；次要的轻型建筑物 非软土地区且场地地质条件简单、基坑周边环境条件简单、环境保护要求不高且开挖深度小于 5.0m 的基坑工程

根据建筑物地基基础设计等级及长期荷载作用下地基变形对上部结构的影响程度[3]，地基基础设计应符合下列规定：

1）所有建筑物的地基计算均应满足承载力计算的有关规定。

2）设计等级为甲级、乙级的建筑物，均应按地基变形设计。

3）设计等级为丙级的建筑物有下列情况之一时应作变形验算：

① 地基承载力特征值小于130kPa，且体形复杂的建筑；

② 在基础上及其附近有地面堆载或相邻基础荷载差异较大，可能引起地基产生过大的不均匀沉降时；

③ 软弱地基上的建筑物存在偏心荷载时；

④ 相邻建筑距离近，可能发生倾斜时；

⑤ 地基内有厚度较大或厚薄不均的填土，其自重固结未完成时。

4）对经常受水平荷载作用的高层建筑、高耸结构和挡土墙等，以及建造在斜坡上或边坡附近的建筑物和构筑物，尚应验算其稳定性。

5）基坑工程应进行稳定性验算。

6）建筑地下室或地下构筑物存在上浮问题时，尚应进行抗浮验算。

（4）基坑工程现场监测项目的选择与基础工程类别有关。对基坑工程等级的划分方法可根据国家标准《建筑地基基础工程施工质量验收规范》GB 50202—2002确定，见表3-14的规定。

基坑工程类别 表3-14

类别	分 类 标 准
一级	重要工程或支护结构作主体结构的一部分； 开挖深度大于10m； 与邻近建筑物、重要设施的距离在开挖深度以内的基坑； 基坑范围内有历史文物、近代优秀建筑、重要管线等需要严加保护的基坑
二级	除一级和三级外的基坑属二级基坑
三级	开挖深度小于7m，且周围环境无特别要求时的基坑

（5）根据《城市轨道交通工程测量规范》GB 50308—2008的规定，城市轨道交通工程建设和运营阶段结构自身及周边环境的变形监测应包括如下项目：

1）施工阶段包括支护结构、结构自身以及变形区内的地表、建筑、管线等周边环境；

2）运营阶段包括受运营或周边建设影响的轨道、道床、建筑结构和受运营影响的地表、建筑、管线等周边环境。

（6）根据《城市轨道交通工程测量规范》GB 50308—2008的规定，各变形监测标准应符合以下各表要求。

1）变形监测的等级划分、精度要求和适用范围应符合表3-15的规定。

建筑变形测量的级别、精度指标及其适用范围 表3-15

变形监测等级	垂直沉降监测		水平位移监测	适 用 范 围
	变形点的高程中误差(mm)	相邻变形点高差中误差(mm)	变形点的点位中误差(mm)	
I	±0.3	±0.1	±1.5	线路沿线对变形特别敏感的超高层、高耸建筑、精密工程设施、重要建筑等以及有高精度要求的监测对象

续表

变形监测等级	垂直沉降监测		水平位移监测	适用范围
	变形点的高程中误差(mm)	相邻变形点高差中误差(mm)	变形点的点位中误差(mm)	
Ⅱ	±0.5	±0.3	±3.0	线路沿线对变形比较敏感的高层建筑、地下管线;建设工程的支护、结构、隧道拱顶下沉、结构收敛和运营阶段结构、轨道和道床以及有中等精度要求的监测对象
Ⅲ	±1.0	±0.5	±6.0	线路沿线一般多层建筑、地表及施工和运营中的次要结构等以及有低等精度要求的监测对象

注：变形点的高程中误差和点位中误差是相对最近变形监测控制点而言。

2）水平位移监测的主要技术要求和监测方法应符合表 3-16 的规定。

水平位移监测的主要技术要求和监测方法　　　　表 3-16

等级	变形点的点位中误差(mm)	坐标较差或两次测量较差(mm)	主要监测方法
Ⅰ	±1.5	2	坐标(极坐标法、交会法等)或基准线法、投点法等
Ⅱ	±3.0	4	
Ⅲ	±6.0	8	

3）垂直沉降监测，应构成附合、闭合路线或结点网，其主要技术要求和主要监测方法应符合表 3-17 的规定。

垂直沉降监测的主要技术要求和监测方法　　　　表 3-17

等级	高程中误差(mm)	相邻点高差中误差(mm)	往返较差,附合或环线闭合差(mm)	主要监测方法
Ⅰ	±0.3	±0.1	$0.15\sqrt{n}$	水准测量
Ⅱ	±0.5	±0.3	$0.30\sqrt{n}$	水准测量
Ⅲ	±1.0	±0.5	$0.60\sqrt{n}$	水准测量

4）采用导线网或边角网时，水平位移监测控制网的主要技术要求应符合表 3-18 的规定。

水平位移监测控制网的主要技术要求　　　　表 3-18

等级	相邻基准点的点位中误差(mm)	平均边长(m)	测角中误差(″)	最弱边相对中误差	全站仪标称精度	水平角观测测回数	距离观测测回数	
							往测	返测
Ⅰ	±1.5	150	±1.0	≤1/120000	±1″, ±(1mm+1×10⁻⁶×D)	9	4	4
Ⅱ	±3.0	150	±1.8	≤1/70000	±2″, ±(2mm+2×10⁻⁶×D)	9	3	3
Ⅲ	±6.0	150	±2.5	≤1/40000	±2″, ±(2mm+2×10⁻⁶×D)	6	2	2

5）采用水准测量方法时，垂直沉降监测控制网的主要技术要求应符合表 3-19、表 3-20 的规定。

垂直沉降监测控制网的主要技术要求 表 3-19

等级	相邻基准点高差中误差（mm）	测站高差中误差（mm）	往返较差、附合或环线闭合差（mm）	检测已测高差之较差（mm）
Ⅰ	±0.3	±0.07	±0.15$\sqrt{n}$	0.2$\sqrt{n}$
Ⅱ	±0.5	±0.15	±0.30$\sqrt{n}$	0.4$\sqrt{n}$
Ⅲ	±1.0	±0.30	±0.60$\sqrt{n}$	0.8$\sqrt{n}$

水准观测的主要技术要求 表 3-20

等级	仪器型号	水准尺	视线长度（m）	前后视距差（m）	前后视距累计差（m）	视线离地面最低高度（m）	基、辅分划读数较差（mm）	基、辅分划读数所测高差较差（mm）
Ⅰ	DS$_{05}$	钢瓦	≤15	≤0.3	≤1.0	0.5	≤0.3	≤0.4
Ⅱ	DS$_{05}$	钢瓦	≤30	≤0.5	≤1.5	0.3	≤0.3	≤0.4
Ⅲ	DS$_1$	钢瓦	≤50	≤1.0	≤3.0	0.3	≤0.5	≤0.7

（7）根据《城市轨道交通工程监测技术规范》GB 50911—2013 的规定，基坑工程变形监测应符合以下各表的相关规定要求。

1）基坑工程影响分区宜按表 3-21 的规定进行划分。

基坑工程影响分区 表 3-21

基坑工程影响区	范 围
主要影响区（Ⅰ）	基坑周边 0.7H 或 H·tan(45°−φ/2)范围内
次要影响区（Ⅱ）	基坑周边 0.7H−(2.0～3.0)H 或 Htan(45°−φ/2)−(2.0～3.0)H 范围内
可能影响区（Ⅲ）	基坑周边(2.0～3.0)H 范围内

注：1. H——基坑设计深度（m），φ——岩土体内摩擦角（°）；
    2. 基坑开挖范围内存在基岩时，H 可为覆盖土层和基岩强风化层厚度之和；
    3. 工程影响分区的划分界线取表中 0.7H 或 Htan(45°−φ/2)的较大值。

2）土质隧道工程影响分区宜按表 3-22 的规定进行划分。隧道穿越基岩时，应根据覆盖土层特征、岩石坚硬程度、风化程度及岩体结构与构造等地质条件，综合确定工程影响分区界线。

土质隧道工程影响分区 表 3-22

隧道工程影响区	范 围
主要影响区（Ⅰ）	隧道正上方及沉降曲线反弯点范围内
次要影响区（Ⅱ）	隧道沉降曲线反弯点至沉降曲线边缘 1.5i 处
可能影响区（Ⅲ）	隧道沉降曲线边缘 2.5i 处

注：i——隧道地表沉降曲线 Peck 计算公式中的沉降槽宽度系数（m）。

3）基坑、隧道工程的自身风险等级宜根据支护结构发生变形或破坏、岩体失稳等的可能性和后果的严重程度，采用工程风险评估的方法确定，也可根据基坑设计深度、隧道埋深和断面尺寸等按表 3-23 划分。

基坑、隧道工程的自身风险等级 表3-23

工程自身 风险等级		等级划分标准
基坑工程	一级	设计深度大于或等于20m的基坑
	二级	设计深度大于或等于10m且小于20m的基坑
	三级	设计深度小于10m的基坑
隧道工程	一级	超浅埋隧道；超大断面隧道
	二级	浅埋隧道；近距离并行或交叠的隧道；盾构始发或接收区段；大断面隧道
	三级	深埋隧道；一般断面隧道

4）周边环境风险等级宜根据周边环境发生变形或破坏的可能性和后果的严重程度，采用工程风险评估的方法确定，也可根据周边环境的类型、重要性、与工程的空间位置关系和对工程的危害性按表3-24划分。

周边环境风险等级 表3-24

周边环境风险等级	等级划分标准
一级	主要影响区内存在既有轨道交通设施、重要建（构）筑物、重要桥梁与隧道、河流或湖泊
二级	主要影响区内存在一般建（构）筑物、一般桥梁与隧道、高速公路或重要地下管线 次要影响区内在既有轨道交通设施、重要建（构）筑物、重要桥梁与隧道、河流或湖泊隧道工程上穿既有轨道交通设施
三级	主要影响区内存在城市重要道路、一般地下管线或一般市政设施 次要影响区内存在一般建（构）筑物、一般桥梁与隧道、高速公路或重要地下管线
四级	次要影响区内存在城市重要道路、一般地下管线或一般市政设施

5）地质条件复杂程度可根据场地地形地貌、工程地质条件和水文地质条件按表3-25划分。

地质条件复杂程度 表3-25

地质条件 复杂程度	等级划分标准
复杂	地形地貌复杂；不良地质作用强烈发育；特殊性岩土需要专门处理；地基、围岩和边坡的岩土性质较差；地下水对工程的影响较大，需要进行专门研究和治理
中等	地形地貌较复杂；不良地质作用一般发育；特殊性岩土不需要专门处理；地基、围岩和边坡的岩土性质一般；地下水对工程的影响较小
简单	地形地貌简单；不良地质作用不发育；地基、围岩和边坡的岩土性质较好；地下水对工程无影响

6）工程监测等级可按表3-26划分，并根据当地经验结合地质条件复杂程度进行调整。

7）明挖法和盖挖法基坑支护结构和周围岩土体监测项目应根据表3-27选择。

8）盾构法隧道管片结构和周围岩土体监测项目应根据表3-28选择。

9）矿山法隧道支护结构和周围岩土体监测项目应根据表3-29选择。

工程监测等级 表 3-26

工程自身风险等级 \ 工程监测等级 \ 周边环境风险等级	一级	二级	三级	四级
一级	一级	一级	一级	一级
二级	一级	二级	二级	二级
三级	一级	二级	三级	三级

明挖法和盖挖法基坑支护结构和周围岩土体监测项目 表 3-27

序号	监测项目	工程监测等级		
		一级	二级	三级
1	支护桩(墙)、边坡顶部水平位移	√	√	√
2	支护桩(墙)、边坡顶部竖向位移	√	√	√
3	支护桩(墙)体水平位移	√	√	○
4	支护桩(墙)结构应力	○	○	○
5	立柱结构竖向位移	√	√	○
6	立柱结构水平位移	√	○	○
7	立柱结构应力	○	○	○
8	支撑轴力	√	√	√
9	顶板应力	○	○	○
10	锚杆拉力	√	√	√
11	土钉拉力	○	○	○
12	地表沉降	√	√	√
13	竖井井壁支护结构净空收敛	√	√	√
14	土体深层水平位移	○	○	○
15	土体分层竖向位移	○	○	○
16	坑底隆起(回弹)	○	○	○
17	支护桩(墙)侧向土压力	○	○	○
18	地下水位	√	√	√
19	孔隙水压力	○	○	○

注:√——应测项目;○——选测项目。

盾构法隧道管片结构和周围土体监测项目 表 3-28

序号	监测项目	工程监测等级		
		一级	二级	三级
1	管片结构竖向位移	√	√	√
2	管片结构水平位移	√	○	○
3	管片结构净空收敛	√	√	√
4	管片结构应力	○	○	○

续表

序号	监测项目	工程监测等级		
		一级	二级	三级
5	管片结构螺栓应力	○	○	○
6	地表沉降	√	√	√
7	土体深层水平位移	○	○	○
8	土体分层竖向位移	○	○	○
9	管片围岩压力	○	○	○
10	孔隙水压力	○	○	○

注：√——应测项目；○——选测项目。

矿山法隧道支护结构和周围岩土体监测项目　　　　表 3-29

序号	监测项目	工程监测等级		
		一级	二级	三级
1	初期支护结构拱顶沉降	√	√	√
2	初期支护结构底板竖向位移	√	○	○
3	初期支护结构净空收敛	√	√	√
4	隧道拱脚竖向位移	○	○	○
5	中柱结构竖向位移	√	√	√
6	中柱结构倾斜	○	○	○
7	中柱结构应力	○	○	○
8	初期支护结构、二次衬砌应力	○	○	○
9	地表沉降	√	√	√
10	土体深层水平位移	○	○	○
11	土体深层竖向位移	○	○	○
12	围岩压力	○	○	○
13	地下水位	√	√	√

注：√——应测项目；○——选测项目。

10）周边环境监测项目应根据表 3-30 选择。当主要影响区存在高层、高耸建（构）筑物时，应进行倾斜监测。既有城市轨道交通高架线和地面线的监测项目可按照桥梁和既有铁路的监测项目选择。

周边环境监测项目　　　　表 3-30

监测对象	监测项目	工程影响分区	
		主要影响区	次要影响区
建（构）筑物	竖向位移	√	√
	水平位移	○	○
	倾斜	○	○
	裂缝	√	○

续表

监测对象	监测项目	工程影响分区	
		主要影响区	次要影响区
地下管线	竖向位移	√	○
	水平位移	○	○
	差异沉降	√	○
高速公路与城市道路	路面路基竖向位移	√	○
	挡墙竖向位移	√	○
	挡墙倾斜	√	○
桥梁	墩台竖向位移	√	√
	墩台差异沉降	√	√
	墩柱倾斜	√	√
	梁板应力	○	○
	裂缝	√	○
既有城市轨道交通	隧道结构竖向位移	√	√
	隧道结构水平位移	√	○
	隧道结构净空收敛	○	○
	隧道结构变形缝差异沉降	√	√
	轨道结构(道床)竖向位移	√	√
	轨道静态几何形位(轨距、轨向、高低、水平)	√	√
	隧道、轨道结构裂缝	√	○
既有铁路(包括城市轨道交通地面线)	路基竖向位移	√	√
	轨道静态几何形位(轨距、轨向、高低、水平)	√	√

注：√——应测项目；○——选测项目。

参 考 文 献

[1] 南京水利科学研究院勘测设计院，常州金土木工程仪器有限公司. 岩土工程安全监测手册 [M]. 第二版. 北京：中国水利水电出版社，2008.

[2] 南京葛南实业有限公司. 南京葛南实业有限公司企业标准 Q/3201GNSY008—2010 [S]. 南京，2010.

第四章 变形监测方案的编制和内容

第一节 根据工程特点编制变形监测方案

变形监测方案编制要根据工程特点选择可行的方案，变形监测是针对监测对象或物体而言的，根据施工要求和工法的不同也要制订不同的施工监测方案。如深基坑监测工程，要对深基坑开挖本身及受影响的周围环境进行监测，所需监测项目、等级应针对基坑等级制订可行的监测方案。针对新建高层建筑物监测要制订沉降监测方案，对既有建筑物的监测要针对沉降、倾斜、水平位移等方面制订监测方案。对既有的地铁隧道、高铁、大坝等高危建（构）筑物，并且需要实时地、不间断地监测对象时我们又要制订一套可行的自动化监测方案等。这些都要根据工程的实际特点而制订可行性方案，以满足各项监测要求。

第二节 编制方案的基本要求

以地铁施工中深基坑监测方案为例：监测单位编写监测方案前，应了解建设单位、设计单位和相关单位（如：基坑影响区内的房屋业主、既有市政基础设施、古建筑产权单位等）对监测工作的要求，并进行现场踏勘，搜集、分析和利用已有资料，综合考虑基坑工程设计方案、建设场地的工程地质和水文地质条件、周边环境条件、施工方案等因素，在工程施工前制订合理的监测方案。（对于监测方案来讲必须重视现场踏勘的重要性）

1）应熟悉和掌握以下资料：

① 本工程的工程勘察报告；

② 建筑基坑、边坡工程设计说明书及图纸；

③ 建筑基坑、边坡工程影响范围内的道路、地下管线、地下设施及周边建筑物的有关资料。

2）监测单位编写的监测方案应与基坑设计方案对监测的要求相一致，并经建设、设计、监理等单位认可，必要时还需与市政道路、地下管线、人防等有关部门协商一致后方可实施。

3）对周边环境比较复杂的建筑基坑项目，建设单位或工程总承包单位及监测单位在施工前，应邀请相邻房屋业主、市政、供电、供水、供气、通信、城建等有关单位，就设计、施工方案征询相关各方意见；对可能受影响的相邻建筑物、构筑物、道路、地下管线等作进一步检查；对可能发生争议的部位应拍照或摄像，布设记号，做好原始记录，并经双方确认。（如：受基坑工程影响的周边既有建（构）筑物、国家或地方保护类的近代优秀建筑、古建等。在施工前房屋基础或墙面已出现裂缝、沉降等异常情况，为避免产生纠纷需在施工前对已有裂缝、沉降等约请相关产权单位到现场确认）

第三节　方案编制的内容

1. 监测方案编制时主要应列出本监测方案依据的工程设计资料、合同承诺以及相关规范、标准、法律法规等

例如：《建筑地基基础设计规范》GB 50007—2011、《建筑变形测量规范》JGJ 8—2007、《建筑基坑工程监测技术规范》GB 50497—2009、《城市轨道交通工程测量规范》GB 50308—2008、《城市轨道交通工程监测技术规范》GB 50911—2013 及设计图纸、勘察报告、周边管线调查报告等。

2. 工程概况

简要叙述如下内容：

（1）建设项目名称、建设地点、建设规模、周边环境状况、工程的建设、勘察、设计、总承包和分包单位名称，以及建设单位委托的建设监理单位名称以及工期要求等。

（2）说明基坑开挖深度、周长、面积，主要地层及水文地质情况，支护形式及主要监测项目等。详细说明基坑周边环境状况，包括周边道路、管线、建筑物等。

3. 监测目的、项目及测点布设

（1）监测目的

根据工程特点、周边环境状况、地层及水文地质情况，说明实施监测的目的，必须针对本工程监测任务进行详细的监测目的描述。

（2）监测项目

根据国家相关规范、标准，结合本基坑工程特点、周边环境状况、地层及水文地质情况，详细描述该基坑工程的监测项目。（一般情况下设计阶段就会给出监测项目，如作为第三方监测单位设计图纸没有明确监测项目时，第三方监测单位应按照相关规范要求进行设计）

（3）测点布置

根据设计图纸及规范详细说明监测基准点、工作基点、各监测项目监测点的布置数量、间距、范围，并在监测平面布置图上明确表示，监测平面布置图中应将监测点与基坑边的距离标注出来，详细说明监测点及监测标志的埋设方法、保护措施和定期复核制度，并绘制埋设大样图。

4. 监测项目等级

根据设计及规范要求确定本工程的监测项目、监测项目的等级、监测频率及预警值要求等，并列表说明。

5. 监测方法及精度

（1）监测方法

应详细阐述各监测项目的监测方法及采用该监测方法的依据。

（2）监测精度

说明各监测项目的监测精度要求，精度要求应符合相关规范、标准要求。

6. 监测组织机构及选用的仪器设备

（1）人员组织

说明实施该监测项目的人员组织架构（列出人员姓名）及相应的职责，监测成果的质量保证措施等。

（2）仪器设备

说明各监测项目所采用的仪器、设备、数量、型号及其精度，所使用的监测设备必须经检定机构检定合格，并处于有效期内。不得使用不合格的监测仪器或超过有效检定期的监测设备。对监测设备达到检测周期都必须进行重新检测，合格后检测证书复印件应及时更新备查。

7. 监测频率、控制值、报警值及应急措施

（1）监测频率

详细说明各监测项目在不同施工阶段、不同开挖深度的监测频率，监测周期应为基坑开挖前到基坑回填完毕。

（2）监测控制值及报警值

详细说明各监测项目监测变形、变化累计控制值及变化速率控制值、报警值，控制值和报警值应符合相应安全等级、设计方案及相关规范、标准的要求。

（3）监测应急措施

详细说明监测达到报警值、控制值或施工过程出现异常情况时的监测应急措施，异常情况请参照《建筑基坑监测技术规范》GB 50497—2009 相关条文。例如：出现突发事件或者发生严重变形，控制值和报警值急剧发展时，作为监测人员应加强监测频率和巡视频率，发现异常情况及时上报等。

8. 监测数据的记录制度和处理方法

（1）监测数据的记录

应采用标准的记录表格记录监测数据，表格填写数据必须保证原始有效，相关人员签字认可。监测当日报表、阶段性报告、总结的格式及内容要符合相关要求，发生异常监测时，要说明监测数据出现异常时的处理措施，绘出监测成果变化曲线或图形。具体要求可参照《建筑基坑支护技术规程》JGJ 120—2012 及《建筑基坑工程监测技术规范》GB 50497—2009、《城市轨道交通工程测量规范》GB 50308—2008、《地下铁道工程施工及验收规范》GB 50299—1999、《建筑工程资料管理规程》JGJ/T 185—2009、《轨道交通工程资料管理规程》QGD—001—2008 等相关条文。

（2）监测数据处理方法

说明监测数据误差分析、消除方法及处理要求，列出数据计算及误差分析公式，确保监测成果的质量。计算公式要简明扼要，能够快速计算出结果，不能过于烦琐。

9. 监测管理及信息反馈制度

（1）监测管理

说明监测作业管理制度，质量保证制度及相关责任人签字认可制度，监测成果整理、审核、审定制度。

（2）监测信息反馈制度

说明监测信息反馈机制，根据监测信息反馈机制及时向建设单位、设计单位、施工单位、监理单位通报监测数据，向建设单位呈送监测报告，包括日报、周报、月报告、阶段性监测报告和总结报告，监测报告应经监测单位技术负责人签字，并根据监测数据提出合

理建议。重点说明监测异常、超过报警值、控制值的信息反馈制度。

10. 现场安全巡视内容

方案中应写明安全巡视范围，根据设计及规范要求应包括明挖基坑现场巡视、周边环境、地下管线巡视等。还要明确现场巡视警戒标准。

11. 附图及表格

（1）监测平面布置图（图中应将各监测项目监测点及监测基准点表示清楚，标出间距及与基坑支护结构间距）。

（2）基准点、工作基点、监测点埋设大样图。

（3）监测成果相关图样表。

（4）监测设备、仪器检定证书复印件。

（5）监测作业人员资格证书或上岗证书。

第四节　特殊工程监测方案的要求

根据《建筑基坑工程监测技术规范》GB 50497—2009 要求下列基坑工程的监测方案应进行专门论证：

（1）地质和环境条件很复杂的基坑工程；

（2）邻近重要建（构）筑物和管线，以及历史文物、近代优秀建筑、地铁、隧道等破坏后果很严重的基坑工程；

（3）已发生严重事故，重新组织实施的基坑工程；

（4）采用新技术、新工艺、新材料的一、二级基坑工程；

（5）其他必须论证的基坑工程。

第五章 常见工程的变形监测方法和内容

第一节 基坑、边坡变形监测

目前，城市集中区域内地下空间的利用与开发，与周围环境因素的影响越来越受到重视，不管是高层建筑物的地下室还是城市轨道交通工程的明挖车站工程都必须进行基坑及周边环境监测。本节仍以地铁明挖基坑为例，详细介绍针对明挖基坑监测项目，现场监测点的布设、安装及监测作业等内容。明挖基坑工程是监测项目最多、工作量最大的监测工程，为基坑周围环境进行及时、有效的保护提供依据。还可以验证支护结构设计，及时反馈信息，指导基坑开挖和支护结构的施工，从而保证基坑安全。

1. 监测项目

根据《建筑基坑工程监测技术规范》GB 50497—2009 的规定，基坑工程监测项目应根据表 5-1 进行选择。

建筑基坑工程监测项目表 表 5-1

基坑类别 / 监测项目		一级	二级	三级
围护墙(边坡)顶部水平位移		应测	应测	应测
围护墙(边坡)顶部竖向位移		应测	应测	应测
深层水平位移		应测	应测	宜测
立柱竖向位移		应测	宜测	宜测
围护墙内力		应测	可测	可测
支撑内力		应测	宜测	可测
立柱内力		可测	可测	可测
锚杆内力		应测	宜测	可测
土钉内力		宜测	可测	可测
坑底隆起(回弹)		宜测	可测	可测
围护墙侧向土压力		宜测	可测	可测
孔隙水压力		宜测	可测	可测
地下水位		应测	应测	应测
土体分层竖向位移		宜测	可测	可测
周边地表竖向位移		应测	应测	宜测
周边建筑	竖向位移	应测	应测	应测
	倾斜	应测	宜测	可测
	水平位移	应测	宜测	可测
周边建筑、地表裂缝		应测	应测	应测
周边管线变形		应测	应测	应测

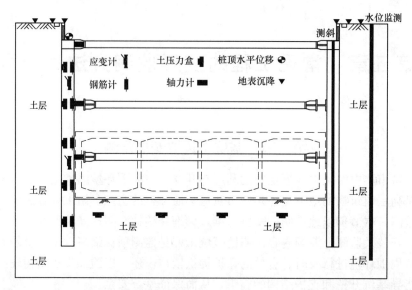

图 5-1 基坑监测项目分布埋设示意图——旋工监控量测剖面布置图（钢支撑段）

（1）必测项目

1）道路及地表沉降（含地下管线沉降及既有铁路、地铁结构沉降等）；

2）建（构）筑物沉降、倾斜；

3）围护结构桩（墙）顶水平位移；

4）围护结构桩（墙）顶沉降；

5）围护结构桩（墙）体变形；

6）支撑轴力、锚杆（索）拉力；

7）地下水位。

（2）选测项目

1）桩（墙）体内力；

2）围岩压力（桩体背后压力）；

3）渗水压力；

4）基坑回弹。

2. 编号

根据《城市轨道交通工程监测技术规范》GB 50911—2013 规定，监测项目代号和图例应具有唯一性，工程监测断面、监测点编号应结合监测项目及其图例，按工点统一编制。

监测点编号宜符合下列规定：

1）监测点编号组成格式宜由监测项目代号与监测点序列号共同组成；

2）监测项目代号宜采用大写英文字母的形式表示；

3）监测点序列号宜采用阿拉伯数字并按一定的顺序或方向进行编号；

4）监测工程常用监测项目代号和图例宜符合附录 B 中表 B1 的规定，监测平面布置图可参照图 B1。

3. 基点及工作基点布设

（1）建立变形监测平面控制网，基本上为小型、专用、高精度变形控制网（这是与测

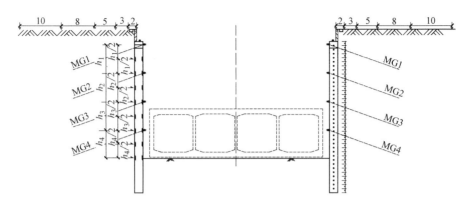

图 5-2 基坑监测项目分布埋设示意图——施工监控量测剖面布置图（锚杆段）

量控制网的区别）（图 5-3）。

（2）变形控制网由三种点（基准点、工作基点、变形监测点）、两种等级（首级、次级）组成。

（3）基准点埋设

1）基准点布设原则：基准点是沉降观测起始数据的基本控制点，应埋设于车辆、行人少，通视且便于保存、便于观测之处。基准点采用双金属管式套标，构成直伸或等边三角形状，埋深约 1.5m。基准点应避开规划道路和地下管线等用地范

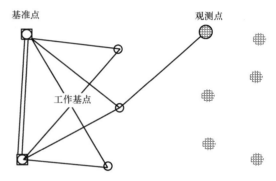

图 5-3 基坑监测控制网示意图

围，距待测建筑群 150m 左右，点间距约 30m，具体位置应根据实地条件确定。在中心标志点顶部磨成球面形，中镶嵌直径 1mm 铜芯，铜芯面上有"＋"字对中标志，露出混凝土面约 1～2cm（此类基准点可作为水准基点，也可作为导线基点，埋设方法如图 5-4 所示）。待其稳定后根据国家城市水准点，测设一、二等附合水准路线，从而测得高程，组成该工程沉降观测的基准点。每隔一定的时间须对基准点进行复测。

2）基准网为独立、高精度控制网，基准点数目不应少于 3 个。

3）基准点也可以选择国家控制网，还可以在建筑物上安装基准点，建筑物上布设的基准点采用钻具成孔方式进行埋设，埋设步骤如下：

① 使用电动钻具在选定建筑物部位钻直径 65mm、深度约 122cm 的孔洞；

② 清除孔洞内渣质，注入适量清水；

③ 向孔洞内注入适量搅拌均匀的锚固剂；

④ 放入观测点标志；

⑤ 使用锚固剂回填标志与孔洞之间的空隙；

⑥ 养护 15d 以上。

4）基准点选择完成后，需至少经过 3 次复测，确认高程基准点处于稳定状态时，方可使用。基准网按《工程测量规范》GB 50026—2007 二等垂直位移监测网技术要求施测，主要技术指标为往返较差及环线闭合差应在 $\pm 0.3\sqrt{n}$ mm（n 为测站数）以内，每站高差

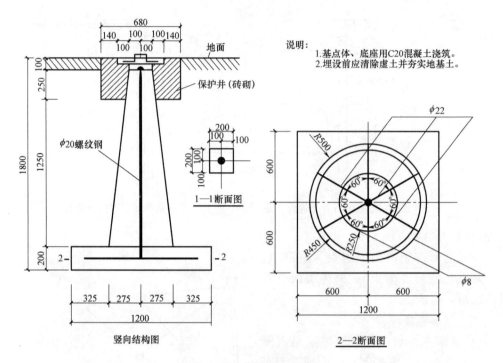

图 5-4　基准点埋设示意图

中误差在±0.15mm 以内。

5）基准点如在北方地区埋设时，应埋设于冻土层以下位置。在我们实际操作过程中经常发现一个问题，就是所有监测点全部在上升，这在冬季进行监测时常有发生，尤其是下雪后的融雪过程中经常有这种事件发生。这样就必须检查基准点的稳定情况。

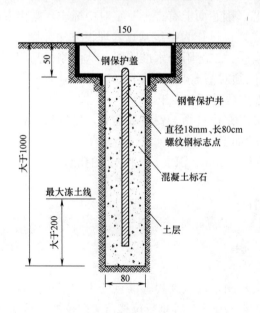

图 5-5　工作基点埋设示意图

（4）基准点的保护

基准点是监测工作必不可少的测量标志，只有长期保存，才能保证沉降观测数据的连续性和正确性。因此，除在选点时格外注意其地点的合理性之外，尚需加以认真保护。

（5）工作基点布置原则

工作基准点布设于便于观测监测点的相对稳定且易于保存的区域，另外，工作基点布设时需考虑方便引测高程基准点。可根据工程实际需要，在场地附近距离基坑 2～4 倍开挖深度以外布设 3 个工作基准点。

工作基点及测点埋设方法：

工作基点采用人工开挖或钻具成孔的方式进行埋设。地面工作基点埋设步骤如下：①土质地表使用洛阳铲，硬质地表使用直径80mm的工程钻具，开挖直径约80mm，深度大于3m孔洞；②夯实孔洞底部；③清除渣土，向孔洞内部注入适量清水养护；④灌注强度等级不低于C20的混凝土，并使用振动机具使之灌注密实，混凝土顶面距地表距离保持在5cm左右；⑤在孔中心置入长度不小于300cm的钢筋标志，露出混凝土面约1～2cm；⑥上部加装钢制保护盖；⑦养护15d以上。地表工作基点埋设形式如图5-5所示。

现场水平位移监测控制点时，现场监测工作基点采用强制对中的水泥观测墩，顶面长宽各0.4m，地下部分埋深大于1.2m，地面部分高1.2m（图5-6）。

4. 沉降点、监测点布设及观测方法

（1）地表沉降及地下管线沉降监测点埋设

1）对于基坑监测地表沉降监测点一定注意对称原则，也就是说基坑周围要成对称状，基坑的左侧有，右侧一定也要有。这是基坑监测的最基本原则，这样有利于基坑的变形稳定分析。

2）地表沉降测点采用人工开挖或钻具成孔的方式进行埋设。监测点应埋设平整，防止由于高低不平影响人员及车辆通行，同时，测点埋设稳固，做好清晰标记，方便保存。注意：测点埋设时如图5-7、图5-8所示，监测点一定要低于地面（也就是保护盖下放

图 5-6　桩顶水平位移监测工作基点现场埋设示意图

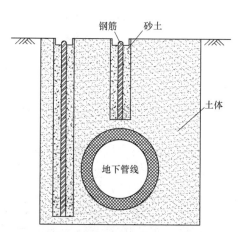

注：管顶位置测点钻孔深度以及测点长度视管线埋深而定，尽量布设在靠近管顶位置，在布设前搜集管线埋深资料，在距离管顶50cm处改用人工掏孔，避免伤及管线。管线侧方的测点埋设应比管底位置稍低，以便更早地反映管线周边土体变形。

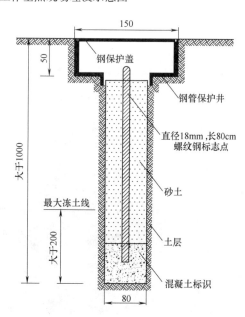

图 5-7　地表沉降、地下管线监测点埋设示意图

2cm左右），这样有利于监测点的保护。例如，监测点过高，正好赶上汽车行走时碾轧在监测点上，这样就不能保证监测的准确性，就可直接达到预警值。同样，作为地表监测点，要注意北方地区埋设时也要埋设在冻土层以下，否则受冻胀影响同样影响监测质量。

图 5-8　地表沉降监测点现场埋设示意图

3）地下管线监测点埋设方式：①有检查井的管线直接将监测点布设到管线上或管线承载体上；②无检查井但有开挖条件的管线将监测点直接布到管线上；③无检查井也无开挖条件的管线可用对应的地表点代替；④封闭的管线可采用抱箍式埋点，开放式的管线可在管线或管线支墩上做监测点支架（图 5-9）。

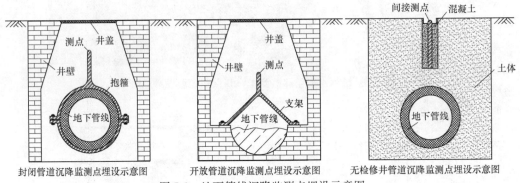

封闭管道沉降监测点埋设示意图　　开放管道沉降监测点埋设示意图　　无检修井管道沉降监测点埋设示意图

图 5-9　地下管线沉降监测点埋设示意图

图 5-10　建（构）筑物沉降监测点

（2）周边建（构）筑物沉降监测点埋设

1）在确保稳固可靠的情况下，沉降点尽量利用建筑物原有沉降监测点（图 5-10）。

2）建（构）筑物测点标志根据不同监测对象采用不同的埋点形式，框架、砖混结构对象采用钻孔埋入标志测点，钢结构对象采用焊接式测点，也可选用钢结构上链接的地脚螺栓作为监测点，特殊装修较好的对象采用隐蔽式测点形式（图 5-11）。

3）沉降监测点埋设在建筑物四角、承重柱及变形缝两侧，埋设时应注意避开如雨水管、窗台线、电器开关等有碍设标与观测的障碍物，并视立尺需要离开墙（柱）面和地面一定距离，一般应高于室内地坪 0.2～0.5m。测点埋设完毕后，在其端头的立尺部位涂上防腐剂。

图 5-11　钢柱过街桥监测点

图 5-12　老旧建筑物或古建

4）对于一些老旧建筑物或者古建等（图 5-12），我们就不便用电锤或者电钻在建筑物墙上做点了，这时我们就尽量在其周围做地表沉降点方可。这样是为了避免由于做点时产生振动影响建筑物的稳定，从而减少不必要的麻烦。

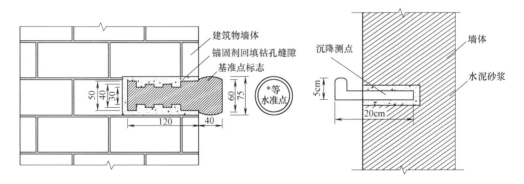

图 5-13　建（构）筑物沉降监测点埋设示意图

（3）监测范围[1]

1）建（构）筑物沉降、倾斜，桥梁墩柱（台）沉降及差异沉降等监测项目监测范围取基坑或隧道结构边缘两侧各 1.5H～2.0H（H 为基坑开挖深度或隧道底板埋深）范围（图 5-13）。

2）地下管线仅对污水、雨水、给水、燃气等管线进行沉降及差异沉降监测，监测范围取基坑或隧道结构边缘两侧各 1.0H 范围。

3）道路及地表沉降监测范围取基坑或隧道结构边缘两侧各 1.0H 范围。

4）城市轨道交通既有线、既有铁路变形监测范围根据评估影响及轨道防护范围确定。

（4）监测方法

1）地表沉降、地下管线沉降、建（构）筑物沉降、围护桩（墙）顶沉降、基坑周边地表沉降采用几何水准测量方法，使用 Trimble DINI03 电子水准仪观测，采用电子水准仪自带记录程序，记录外业观测数据文件。

2）数据观测技术要求：

基准网观测按《工程测量规范》GB 50026—2007 二等垂直位移监测网技术要求观测，监测点按《工程测量规范》GB 50026—2007 三等垂直位移监测网技术要求观测。

3）观测注意事项：

① 对使用的电子水准仪、条码水准尺应在项目开始前和结束后进行检验，项目进行中也应定期进行检验。当观测成果异常，经分析与仪器有关时，应及时对仪器进行检验与校正。

② 观测应做到三固定，即固定人员、固定仪器、固定测站。

③ 观测前应正确设定记录文件的存贮位置、方式，对电子水准仪的各项控制限差参数进行检查设定，确保符合观测要求。

④ 应在标尺分画线成像稳定的条件下进行观测。

⑤ 仪器温度与外界温度一致时才能开始观测。

⑥ 数字水准仪应避免望远镜直对太阳，避免视线被遮挡，仪器应在生产厂家规定的范围内工作，振动源造成的振动消失后，才能启动测量键，当地面振动较大时，应随时增加重复测量次数。

⑦ 完成闭合时，应注意电子记录的闭合差情况，确认合格后方可完成测量工作，否则应查找原因直至返工重测合格。

4）数据传输及平差计算：

观测记录采用电子水准仪自带记录程序进行，观测完成后形成原始电子观测文件，通过数据传输处理软件传输至计算机，检查合格后使用专业水准网平差软件进行严密平差，得出各点高程值。

5）平差计算要求：①应使用稳定的基准点为起算，并检核独立闭合差及与两个以上的基准点相互附合差满足精度要求条件，确保起算数据的准确性；②使用商用华星测量控制网平差软件，平差前应检核观测数据，观测数据准确可靠，检核合格后，按严密平差的方法进行计算；③平差后数据取位应精确到 0.1mm。

通过变形观测点各期高程值计算各期阶段沉降量、阶段变形速率、累计沉降量等数据。

6）变形数据分析：

观测点稳定性分析原则：①观测点的稳定性分析基于稳定的基准点作为基准点而进行的平差计算成果；②相邻两期观测点的变动分析通过比较相邻两期的最大变形量与最大测量误差（取两倍中误差）来进行，当变形量小于最大误差时，可认为该观测点在这两个周期内没有变动或变动不显著；③对多期变形观测成果，当相邻周期变形量小，但多期呈现出明显的变化趋势时，应视为有变动；④变形曲线图可参照图 5-14 的图例。

监测点警戒判断分析原则：①将阶段变形速率及累计变形量与控制标准进行比较，如阶段变形速率或累计变形值小于警戒值，则为正常状态，如阶段变形速率或累计变形值大于警戒值而小于控制值则为警戒状态，如阶段变形速率或累计变形值大于控制值则为控制状态；②如数据显示达到警戒标准时，应结合巡查信息，综合分析施工进度、施工措施情况、支护围护结构稳定性、周边环境稳定性状态，进行综合判断；③分析确认有异常情况时，应及时通知有关各方采取措施。

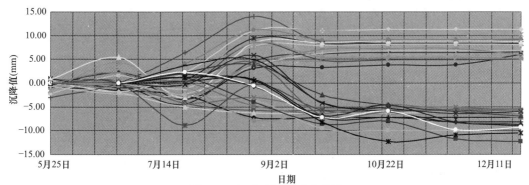

××× 地表沉降历时曲线图

◆ DB-02-01	■ DB-02-02	▲ DB-03-02	✕ DB-03-03	✳ DB-05-03	● DB-05-04	＋ DB-06-02
─ DB-06-03	─ DB-06-04	─ DB-07-02	■ DB-08-03	■ DB-08-04	■ DB-09-04	✕ DB-10-03
● DB-13-02	＋ DB-14-01	─ DB-14-03	─ DB-15-01	─ DB-16-03	■ DB-18-02	▲ DB-19-01
✳ DB-19-02	✳ DB-20-02	● DB-20-03	＋ DB-21-03	─ DB-22-03	─ DB-24-01	◆ DB-24-03
■ DB-24-06	▲ DB-23-01	✕ DB-22-02	✳ DB-22-01	DB-21-02		

图 5-14 沉降观测变形曲线图

5. 桩墙顶水平位移监测点

（1）桩顶水平位移监测点埋设

1）观测点根据工程特点在基坑四周围护结构桩顶上设置，埋设时先在冠梁或围护墙的顶部用冲击钻钻出深约 10cm 的孔，再把强制归心监测标志放入孔内，缝隙用锚固剂填充。

2）测点应尽量布设在基坑圈梁、围护桩的顶部等较为固定的地方，以设置方便，不易损坏，且能真实反映基坑围护结构桩顶部的侧向变形为原则。

3）测点标志埋设时应注意保证与测点间的通视，保证强制对中标志顶面的平整。

4）测点沿基坑长边每 20m 布置 1 个监测点，在主体基坑短边中点布设 1 个监测点。

5）当遇有挡土墙的基坑工程时，必须在挡土墙与冠梁或围护墙相对应的位置安装监测点。

6）测点埋设完毕后，应进行必要的保护、防锈处理，并作明显标记。埋设形式如图 5-15 所示。

图 5-15 桩顶水平位移监测点埋设示意图

（2）监测方法及数据采集

1）围护结构桩顶水平位移监测点观测，根据现场条件采用极坐标法，使用 Leica TCA1800 全站仪进行观测（图 5-16、图 5-17）。控制网及监测点观测均按《工程测量规范》GB 50026—2007 二等水平位移监测网技术要求进行。

图 5-16　采用全站仪监测

图 5-17　桩顶水平位移观测示意图

2）观测注意事项：①对使用的全站仪、觇牌应在项目开始前和结束后进行检验，项目进行中也应定期进行检验，尤其是照准部水准管及电子气泡补偿的检验与校正；②为保证观测精度要求，观测应做到三固定，即固定人员、固定仪器、固定测站；③仪器、觇牌应安置稳固严格、对中整平；④在目标成像清晰稳定的条件下进行观测；⑤仪器温度与外界温度一致时才能开始观测；⑥应尽量避免受外界干扰影响观测精度，严格按精度要求控制各项限差。

（3）数据处理及分析

1）数据传输及平差计算：观测记录采用全站仪记录程序进行，观测时可完成各项限差指标控制，观测完成后形成电子原始观测文件，通过数据传输处理软件传输至计算机，使用控制网平差软件进行严密平差，得出各点坐标。

2）平差计算要求①平差前对控制点稳定性进行检验，对各期相邻控制点间的夹角、距离进行比较，确保起算数据的可靠性；②使用测量控制网平差软件按严密平差的方法进行计算；③平差后数据取位应精确到 0.1mm。

通过各期变形观测点二维平面坐标值，计算投影至垂直、平行于基坑方向的矢量位移，并计算各期阶段变形量、阶段变形速率、累计变形量等数据。

3）变形数据分析

观测点变形分析过程中，正值代表向基坑内垂直变化，负值代表向基坑外垂直变化。桩顶水平位移变形曲线参照 5-18 的图例。

6. 围护结构桩（墙）体变形

（1）监测范围

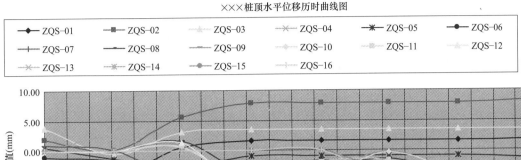

图 5-18　桩顶水平位移变形曲线图

深层水平位移监测孔宜布置在基坑边坡、围护（桩）墙体内的中心处及代表性的部位，数量和间距视具体情况而定（一般设计图纸会标明），基坑两侧呈对称状布设，但每边至少应设 1 个监测孔。

（2）测点埋设及技术要求

1）埋设方法

测斜管采用绑扎埋设。测斜管通过直接绑扎固定在围护桩钢筋笼上，钢筋笼入槽（孔）后，浇筑混凝土。

2）埋设技术要求

由于现场施工条件原因，测斜管埋设与保护相对困难，埋设成品率较低，所以支护结构测斜管埋设与安装应遵守下列原则：

① 管底宜与钢筋笼底部持平或略低于钢筋笼底部，顶部达到地面（或导墙顶）。测斜管顶部尽量保护得当，例如我们可以在现场安装时用钢管作为保护罩把上边一部分套起来保护测斜管（图 5-19）。由于测斜管是 PVC 材料制成，很容易断裂。再加上现场施工多采用破碎炮进行围护桩桩头清

图 5-19　桩体变形现场加工图

理，很容易破坏测斜管。用钢管进行保护时，待清理完桩头后再将保护钢管截去。在钢管与测斜管孔隙处填豆石混凝土或水泥砂浆，将测斜管稳固。这样就可以把测斜管保护好，从而提高测斜管安装的成品率。

② 测斜管与支护结构的钢筋笼绑扎埋设，绑扎间距不宜大于 1.5m。

③ 测斜管的上下管间应对接良好，无缝隙，接头处牢固固定、密封。

图 5-20 桩体变形测斜管现场埋设图

④ 管绑扎时应调正方向，使管内的一对测槽垂直于测量面（即平行于位移方向）。

⑤ 封好底部和顶部，保持测斜管的干净、通畅和平直。

⑥ 做好清晰的标示和可靠的保护措施（图 5-20）。

（3）监测方法及数据采集

1）监测仪器采用 CX-03E 型测斜仪以及

配套 PVC 测斜管，仪器图见图 5-21。

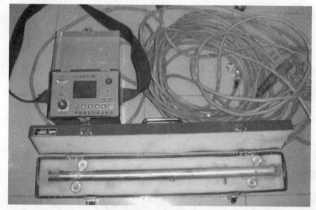

图 5-21 测斜仪

2）观测方法：

① 用模拟测头检查测斜管导槽。

② 使测斜仪测读器处于工作状态，将测头导轮插入测斜管导槽内，缓慢地下放至管底，然后由管底自下而上沿导槽全长每隔 0.5m 读一次数据，记录测点深度和读数。测读完毕后，将测头旋转 180°插入同一对导槽内，以上述方法再测一次，深点深度同第一次相同。

③ 每一深度的正反两读数的绝对值宜相同，当读数有异常时应及时补测（图 5-22）。

3）观测注意事项：

① 观测前应对测斜孔作详细的检查，在我们监测施工中经常发现有把模拟测头卡在测斜管内的情况发生。所以，作为测量前的工作一定要做到细心，我们可在施工现场截取 $\phi28 \sim 32$ 的钢筋 1m 左右，用绳子拴在钢筋上，然后放到测斜

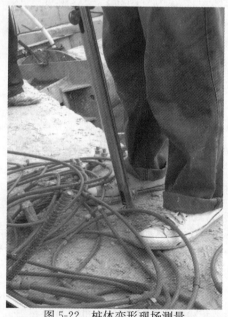

图 5-22 桩体变形现场测量

管内上下拉动。与测斜仪模拟测头运动轨迹相同，这样上下循环几次。然后再使用测头进行测量，这样就基本上保证模拟测头不被卡在测斜管内，从而减少不必要的损失。

② 初始值测定：测斜管应在测试前 5d 装设完毕，在 3～5d 内用测斜仪对同一测斜管作 3 次重复测量，判明处于稳定状态后，以 3 次测量的算术平均值作为侧向位移计算的基准值。

③ 观测技术要求：测斜探头放入测斜管底应等候 5min，以便探头适应管内水温，观测时应注意仪器探头和电缆线的密封性，以防探头数据传输部分进水。测斜观测时每 0.5m 标记一定要卡在相同位置，每次一定要等候电压值稳定才能读数，确保读数的准确性。

（4）数据处理及分析

1）数据处理

首先必须设定好基准点，围护桩桩体变形观测的基准点一般设在测斜管的底部。当被测桩体产生变形时，测斜管轴线产生挠度，用测斜仪确定测斜管轴线各段的倾角，便可计算出桩体的水平位移。设基准点为 O 点，坐标为 $(X_0，Y_0)$，于是测斜管轴线各测点的平面坐标由下列两式确定：

$$X_j = X_0 + \sum_{i=1}^{j} L\sin\alpha_{xi} = X_0 + L \cdot f \cdot \sum_{i=1}^{j} \Delta\varepsilon_{xi} \tag{5-1}$$

$$Y_j = Y_0 + \sum_{i=1}^{j} L\sin\alpha_{yi} = Y_0 + L \cdot f \cdot \sum_{i=1}^{j} \Delta\varepsilon_{yi} \tag{5-2}$$

式中　i——测点序号，$i=1，2，\cdots，j$；

　　　L——测斜仪标距或测点间距（m）；

　　　f——测斜仪率定常数；

　　$\Delta\varepsilon_{xi}$——X 方向第 i 段正、反测应变读数差之半；

　　$\Delta\varepsilon_{yi}$——Y 方向第 i 段正、反测应变读数差之半。

为消除量测装置零漂移引起的误差，每一测段两个方向的倾角都应进行正、反两次量测，即

$$\Delta\varepsilon_{xi} = \frac{(\varepsilon_x^+)_i - (\varepsilon_x^-)_i}{2} \tag{5-3}$$

$$\Delta\varepsilon_{yi} = \frac{(\varepsilon_y^+)_i - (\varepsilon_y^-)_i}{2} \tag{5-4}$$

当 $\Delta\varepsilon_{xi}$ 或 $\Delta\varepsilon_{yi} > 0$ 时，表示向 X 轴或 Y 轴正向倾斜，当 $\Delta\varepsilon_{xi}$ 或 $\Delta\varepsilon_{yi} < 0$ 时，表示向 X 轴或 Y 轴负向倾斜，由上式可计算出测斜管轴线各测点水平位置，比较不同测次各测点水平坐标，便可知道桩体的水平位移量（图 5-23）。

2）变形数据分析

观测数据分析同沉降监测相关内容。桩体水平位移变形曲线参照 5-24 的图例。

7. 支撑轴力监测

（1）测点布置原则

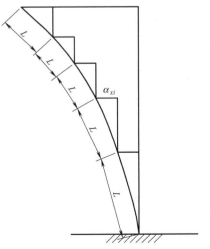

图 5-23　测斜观测分析计算图

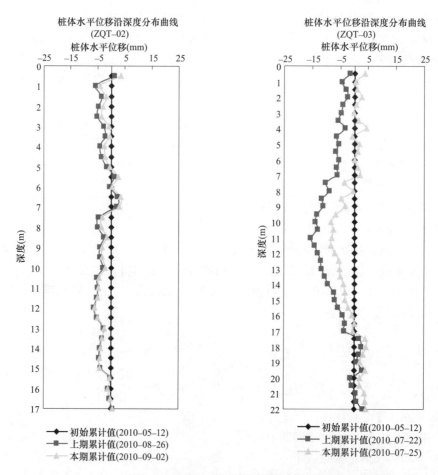

图 5-24　桩体水平位移变形曲线图

对于基坑，选择部分典型支撑进行轴力变化观测，以掌握支撑系统的正常受力。按照施工设计图纸要求，测点布置于基坑各主测断面钢支撑端部，在同一竖直面内每道支撑均应布设测点，上下保持一致。

（2）轴力计安装埋设及技术要求

1）埋设方法

图 5-25　支撑轴力计安装

① 采用专用的轴力架安装架固定轴力计，安装架圆形钢筒上没有开槽的一端面与支撑的牛腿（活络头）上的钢板电焊焊接牢固，电焊时必须将钢支撑中心轴线与安装中心点对齐（图 5-25）。

② 待焊接冷却后，将轴力计推入安装架圆形钢筒内，并用螺栓（M10）把轴力计固定在安装架上（图 5-26）。

③ 钢支撑吊装到位后，将安装架的另一端（空缺的那一端）与围护墙体上的钢板对上，中间加一块 250mm×250mm×20mm 的加强钢垫板，以扩大轴力计受力面积，防止轴力计受力后陷入钢板，影响测试结果。

④ 轴力计需在设计要求位置安装，轴力计安装与钢支撑架设同时完成，不得在钢支撑架设并加载后二次拆除钢支撑进行补设轴力计。

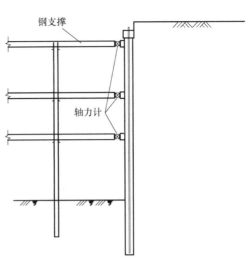

图 5-26　支撑轴力计安装断面图

图 5-27　支撑轴力计数据线标识

⑤ 将读数电缆接到基坑顶上的观测站；电缆统一编号，用白色胶布绑在电缆线上作出标识，电缆每隔 2m 进行固定，外露部分做好保护措施（图 5-27）。

2）埋设技术要求

① 安装前测量一下轴力计的初频，是否与出厂时的初频相符合（≤±20Hz），如果不符合应重新标定或者另选用符合要求的轴力计。

② 安装过程中必须注意轴力计和钢支撑轴线在一条直线上，各接触面平整，确保钢支撑受力状态通过轴力计（反力计）正常传递到支护结构上。在钢支撑吊装前，把轴力计的电缆妥善地绑在安装架的两翅膀内侧，防止在吊装过程中损伤电缆（图 5-28）。

3）监测方法及数据采集

采用 FLJ 型各种规格的轴力计，并采用振弦式频率读数仪进行读数，监测精度达到 1.0%F·S，并记录温度。

观测注意事项：

① 轴力计安装后，在施加钢支撑预应力前进行轴力计的初始频率的测量，在施加钢支撑预应力时，应该测量其频率，计算出其受力，同时要根据千斤顶的读数对轴力计的结果进行校核，进一步修正计算公式。

② 基坑开挖前应测试 2～3 次稳定值，取平均值作为计算应力变化的初始值。

③ 支撑轴力量测时，同一批支撑尽量在相同的时间或温度下量测，每次读数均应记

图 5-28　支撑轴力计架设安装完成

录温度测量结果。

4）数据处理及分析

轴力计的工作原理：当轴力计受轴向力时，引起弹性钢弦的张力变化，改变了钢弦的振动频率，通过频率仪测得钢弦的频率变化，即可测出所受作用力的大小。一般计算公式如下：

$$P = K\Delta F + b\Delta T + B \tag{5-5}$$

式中　P——支撑轴力（kN）；

　　K——轴力计的标定系数（kN/F）；

　　ΔF——轴力计输出频率模数实时测量值相对于基准值的变化量（F）；

　　b——轴力计的温度修正系数（kN/℃）；

　　ΔT——轴力计的温度实时测量值相对于基准值的变化量（℃）；

　　B——轴力计的计算修正值（kN）。

注：频率模数 $F = f_2 \times 10^{-3}$

8. 锚索计监测

（1）测点布置原则

按照施工设计图纸要求布设，测点布置于基坑主测断面锚杆端部，在同一竖直面内每道锚杆均应布设测点。

（2）测点埋设及技术要求

1）埋设方法

① 施工锚索钻孔并注浆，等待水泥浆凝固；

② 在墙体受力面之间增设钢垫板，保证测力计与墙体受力面之间有足够的刚度，使锚索（杆）受力后，受力面位置不致下陷；

③ 将测力计套在锚杆外，放在钢垫板和工程锚具之间；

④ 将读数电缆接到基坑顶上的观测站；电缆统一编号，用白色胶布绑在电缆线上作出标识，电缆每隔 2m 进行固定，外露部分做好保护措施（图 5-29）。

2）埋设技术要求

① 安装前测量一下锚杆测力计的初频，是否与出厂时的初频相符合（≤±20Hz），如果不符合应重新标定或者然后另选用符合要求的锚杆测力计。

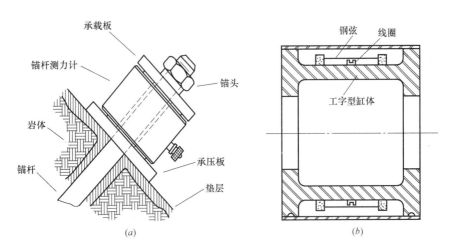

图 5-29　锚索计安装示意图

② 安装过程中，随时进行测力计监测，观测是否有异常情况出现，如有应立即采取措施处理。锚索安装时必须从中间开始向周围锚索逐步对称加载，以免锚索测力计偏心受力。

（3）监测方法及数据采集

1）观测仪器及方法

采用锚杆测力计和频率读数仪进行测读，测读精度达到 $1.0\%F \cdot S$，并记录温度。

图 5-30　锚索计安装完成示意图

2）监测观测方法及数据采集技术要求

在锚杆测力计安装好并锚杆施工完成后，进行锚杆预应力张拉，这时要记录锚杆轴力计上的初始荷载，同时要根据张拉千斤顶的读数对轴力计的结果进行校核（图 5-30）。量测时，同一批锚杆尽量在相同的时间或温度下进行，每次读数均应记录温度测量结果。

3）数据处理及分析

数据处理及分析与支撑轴力数据处理及分析相同。钢支撑轴力计变化曲线图参照5-31的图例。

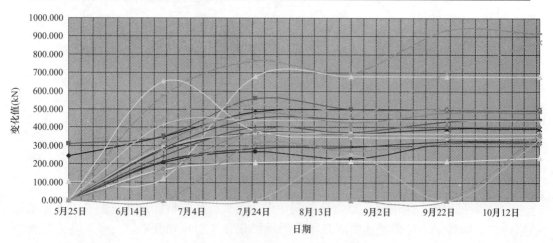

图 5-31　钢支撑轴力计变化曲线图

9. 测土压力

（1）测点布置原则

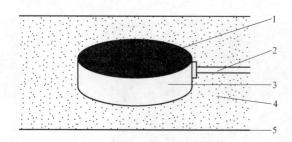

图 5-32　土压力计安装示意图

1—承压膜；2—导线；3—压力盒；4—细砂；5—地基

　　测土压力监测为选测项目，按照施工设计图纸要求，选择具有代表性的地段布设土压力盒，一般钢支撑段每断面在桩体背后第一与第二道钢支撑中间、第二道钢支撑、第二与第三道钢支撑中间、第三道钢支撑与底板中间、底板等位置布设。当采用锚杆段施工时，在桩体背后第一与第二道锚杆中间、第二道锚杆、第二道锚杆与第三道锚杆中间、第三道锚杆、第三道锚杆与第四道锚杆中间、第四道锚杆、第四道锚杆与底板中间、底板等位置布设（图 5-32）。

（2）测点埋设及技术要求

　　埋设前计算好各种标高的关系，并记录土压力盒的位置。备制整桩宽的布帘，满挂于围护桩的外迎土侧，并固定在钢筋笼上。将土压力盒布置在布帘之外并固定在钢筋笼上，使压力膜向外直接接触桩背水土体。布帘与量测元件一起随钢筋笼吊入槽孔并放入导管浇筑水下混凝土。在下钢筋笼时应保护土压力盒和导线以及布帘不受损坏（图 5-33）。

（3）监测方法及数据采集

　　采用钢筋计和频率读数仪进行测读，测读精度达到 $1.0\%F \cdot S$，并记录温度（图 5-34）。

（4）数据处理及分析

　　数据处理及分析与支撑轴力数据处理及分析相同。

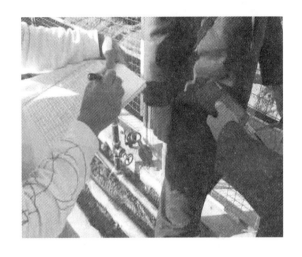

图 5-33　土压力计现场安装吊装　　　　图 5-34　使用频率读数仪现场取值

10. 钢筋应力计

（1）测点布置原则

桩内钢筋应力监测为选测项目，按照施工设计图纸要求布设，选择具有代表性的围护桩，在围护桩的迎土侧和开挖侧各选一根主筋进行测点的布设（图 5-35、图 5-36）。

（2）测点埋设及技术要求

钢筋计与被测钢筋的常用链接方式有两种。

方法一：

1）当工地上有直螺纹套丝机时，被测主筋未绑扎完成，将两根被测钢筋套丝后直接与钢筋计两端的链接钢套旋紧，形成一根长钢筋后将其就位到被测钢筋笼或墙体主筋位置。

2）当工地上有直螺纹套丝机时，被测钢筋笼或者墙体主筋已经绑扎完成，可在需要安装的位置截取 0.8～1.0m 长钢筋，将其截成两根，再将两根钢筋套丝后与钢筋计两端的链接钢套旋紧，形成一根长钢筋后将其焊接到被截主筋位置。

图 5-35　钢筋计安装

3）焊接可采用对焊或搭接焊的方式，搭接长度要大于 10 倍的钢筋直径，还要给传感器的部位浇水冷却或用湿毛巾作降温处理，使传感器温度不能过高，温度过高会使传感器损坏，注意不要在焊缝处浇水。

方法二：

1）当工地上没有直螺纹套丝机，被测钢筋主筋未绑扎完成时，将两根被测钢筋焊接

图 5-36　钢筋计现场安装

在链接钢套上，焊接前先将钢筋计的两端连接钢套拧下，分别与长筋焊接在一起，焊接可采用对焊、接口倒角电焊和熔槽焊，焊接一定要在同一轴线上焊接牢固，焊好后变形要小。角度大了要调整，使其尽量保持在同一轴线上冷却后与钢筋计旋紧，形成整体后将其安装到所需要的主筋位置上。

2）当工地上没有剥肋直螺纹套丝机，被测钢筋主筋已绑扎完时，在钢筋网准备安装钢筋计的部位截取 0.8～1m 长钢筋（长度视配筋大小），将其截成两根，将两根被测截筋与钢筋计的两头链接钢套焊接。焊接前先将钢筋计两端的连接钢套拧下，分别与截筋焊接在一起，焊接可采用对焊、接口倒角电焊和熔槽焊，焊接一定要在同一轴线上焊接牢靠，焊好后变形要小。角度大了要调整，使其尽量保持在同一轴线上。

3）截筋与连接钢套焊接好后，用管丝钳拧紧，拧紧时不得将管丝钳作用在钢筋计的传感器出线嘴部位上，否则钢筋计会造成永久损坏。将接长截筋的钢筋计搭焊在钢筋网上，搭焊长度要大于 10 倍的钢筋计

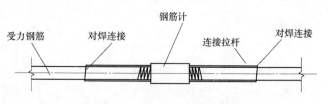

图 5-37　钢筋计安装示意图

直径，同样，焊接时要给传感器的部位浇水冷却，使传感器温度不要太高，温度过高将会使传感器造成永久损坏，但不得在焊缝处浇水（图 5-37）。

（3）监测方法及数据采集

1）观测仪器及方法

监测方法及数据采集与测土压力相同。

2）监测观测方法及数据采集技术要求

在基坑开挖前测试 2～3 次稳定值，取平均值作为计算应力变化的初始值。量测时尽量在相同的时间或温度下量测，每次读数均应记录温度测量结果，按设计量测频率进行数据采集。

（4）数据处理及分析

数据处理及分析与支撑轴力数据处理及分析相同。

11. 地下水位监测点

1）根据基坑平面布置和周围环境情况，水位观测孔一般布置在需要进行监测的建筑物和地下管

井身结构示意图

井盖

黏土

黏土球

砾料

过滤器

沉砂管

隔水层

含水层

50
130

图 5-38　水位计安装示意图

线附近。水位管埋设深度和透水头部位依据地质资料和工程需要确定，一般埋深 10～20m 左右，透水部位放在水位管下部。水位管采用 PVC 材质，外包滤网。埋设时，用钻机钻直径为 90mm 左右的垂直孔洞，孔壁保持稳定，孔深应至基坑底以下 1～2m，钻孔完成后，安装水位管。安装完毕后，回填细砂至透水头以上 1m，再用膨润土泥丸封孔至孔口。埋设完毕后，应进行 24h 降水试验，检验成孔质量。

2）水位观测：

水位监测仪器采用电测水位计，仪器由探头、电缆盘和接收仪组成。仪器的探头沿水位管徐徐下放，当探头碰触到水时，接收仪会发出蜂鸣声，通过信号线的尺寸刻度，可直接测得地下水位距离管口的距离（图 5-38）。

第二节　地下工程施工变形监测（暗挖、盾构）

1. 监测项目

浅埋暗挖法施工监控量测表　　　　表 5-2[2]

序号	监测项目	监测方法与仪表	测试精度	测点布置	监测频率	监测极限值
1	洞内及洞外观察	地质预报、描述、拱架支护状态、建(构)筑物等观察和记录	—	每开挖一榀布一个断面	开挖后立即执行	—
2	地表沉降	水准仪	±1 mm	注 1	注 2	30mm
3	初期支护结构拱顶沉降	水准仪	±0.5 mm	每 30m 1 个断面，每个断面 1 个测点	注 3	30mm
4	初期支护结构净空收敛	收敛计	0.06mm	每 30m 1 个断面，每个断面在拱腰处 1 条水平收敛测线	注 3	30mm
5	围岩压力及支护间接触应力	土压力盒、频率接收仪	0.15%F·S	支座、拱腰、跨中，纵向间距 60m	注 4	—
6	格栅、内衬钢筋应力	钢筋计、频率接收仪	0.15%F·S	支座、拱腰、跨中，纵向间距 60m	注 4	—

注：1.（1）每 30m 1 个断面，每个断面 7 个测点；
　　　（2）在工法变化的部位及马头门处设沉降测点，测点数按工程结构地层情况和周边环境确定。
　　2. 当开挖面到监测断面前后的距离 L≤2B 时，1～2 次/d；
　　　当开挖面到监测断面前后的距离 2B<L≤5B 时，1 次/2d；
　　　当开挖面到监测断面前后的距离 L>5B 时，1 次/1 周；
　　　基本稳定后 1 次/月，出现情况异常时，应增大监测频率
　　　（B：隧道直径或跨度；L：开挖面与监测点的水平距离）。
　　3. 拱顶沉降和净空收敛监测频率（表 5-3）

拱顶沉降和净空收敛监测频率　　　　表 5-3

沉降或收敛速率	距开挖面距离	监测频率
>2mm/d	0～1B	1～2 次/d
0.5～2mm/d	1～2B	1 次/d
0.1～0.5mm/d	2～5B	1 次/2d
<0.1mm/d	5B 以上	1 次/1 周
基本稳定后		1 次/1 月

　　4. 开挖面到监测断面不大于 2B 时，1～2 次/d；
　　　开挖面到监测断面不大于 5B 时，1 次/2d；
　　　开挖面到监测断面大于 5B 时，1 次/1 周；
　　　基本稳定后 1 次/1 月。
　　5. 各监测项目监测频率原则上按设计执行，但可结合现场实际监测变化情况进行合理的调整。
　　6. 报警值：70％的极限值；警戒值：80％的极限值。
　　7. 洞内及洞外观察项目含地质条件、结构、塌陷、渗漏、超载等。

2. 监测方法

（1）洞内及洞外观察

1）监测目的

观测掌子面稳定状况，是否有渗漏水，支护状况是否良好以及洞外相应的地表及建（构）筑物状况，为确定开挖进尺，支护是否加强，提供感观印象。

2）观察内容

① 地层的工程地质特性及其描述，包含开挖面地质描述和掌子面预测探孔的地质描述；

② 地下水类型、渗漏水情况、涌水量的大小、位置、水质气味和颜色等；

③ 开挖工作面的稳定状态，有无剥落现象；

④ 初期支护完成后对喷层表面的观察、裂缝状况及渗漏水状况的描述，同时记录喷射混凝土是否产生剥离；

⑤ 与施工段相应的地表和建（构）筑物状况等。

3）观察频率

对开挖后未支护的围岩土层及掌子面探孔应随时进行观察并记录，对开挖后已支护段的支护状态以及施工段的相应地表和建（构）筑物，每施工循环观察和记录1次。

（2）地表沉降

地表沉降监测方法与基坑地表监测方法相同，布点尽量与拱顶沉降和收敛在同一段面上互相对应，以便进行对比分析（图5-39）。埋点和监测方法见基坑工程地表沉降监测。

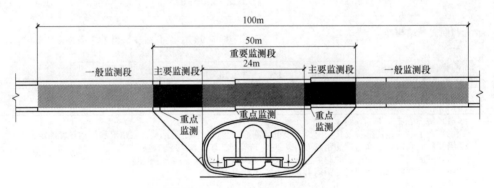

图 5-39　地下工程监测范围示意图

（3）初期支护结构拱顶沉降

1）监测目的

拱顶下沉监测值是反映地下工程结构安全和稳定的重要依据，是围岩与支护系统力学形态变化的最直接、最明显的反映。

2）测点布置

沿隧道开挖前进方向在隧道拱部中心位置每30m设1个断面，每个断面1个测点，初期支护结构拱顶沉降测点与地表沉降测点互相对应，以便进行对比分析。

3）监测、埋设方法

在开挖后12h内和下次开挖之前设点并读取初始值，监测点埋设方法如图5-40所示。观测采用精密水准仪、铟钢尺和倒挂钢尺进行水准测量，并绘制近期工作面附近点位变

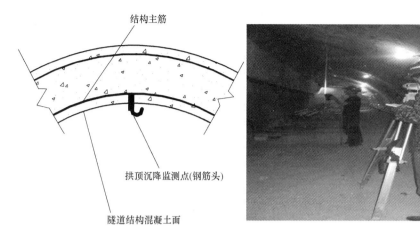

图 5-40 拱顶沉降埋点示意图

图 5-41 拱顶沉降现场观测

化—时间曲线，配合沉降变化速率进行稳定性分析，趋于平缓后作回归分析（图 5-41）。

（4）初期支护结构净空收敛

1）监测目的

地下工程开挖后净空水平收敛也是反映围岩与支护结构力学形态变化最直接、最明显的参数，通过监测可了解围岩与支护结构的稳定状态。

2）测点布置

沿隧道开挖前进方向在隧道拱部中心位置每 30m 设 1 个断面，每个断面在拱腰处 1 条水平收敛测线。为了更准确地反映隧道支护结构的变形情况，水平收敛监测测点布置应与拱顶沉降测点布置相对应，即布在同一断面上，水平收敛监测点埋设方法如图 5-42 所示收敛仪及其现场应用如图 5-43、图 5-44 所示。

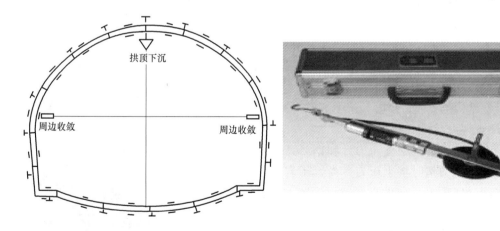

图 5-42 拱顶沉降净空收敛布点示意图

图 5-43 收敛仪

3）监测方法

① 初次量测在钢尺上选择一个适当孔位，将钢尺套在尺架的固定螺杆上。孔位的选择应能使得钢尺张紧时支架与百分表（或数显表）顶端接触且读数在 0～25mm 的范围内。拧紧钢尺压紧螺母，并记下钢尺孔位读数。

② 再次量测，按前次钢尺孔位，将钢尺固定在支架的螺杆上，按上述相同程序操作，测得观测值 R_n。按下式计算净空变化值：

$$U_n = R_n - R_{n-1} \tag{5-6}$$

式中 U_n——第 n 次量测的净空变形值；

R_n——第 n 次量测时的观测值；

R_{n-1}——第 $n-1$ 次量测时的观测值。

4）监测频率

初期支护结构净空收敛监测频率与拱顶沉降监测频率相同。

5）监测稳定性判定标准

图 5-44　收敛仪现场应用

隧道拱顶下沉、周边净空收敛均以位移变化速率来判断围岩的稳定性，标准为：

① 当位移变化大于 1mm/d 时，围岩在急剧变形，需加强观测，若速率长期不下降，则需加强支护；

② 当位移变化在 0.2~1mm/d 时，情况很正常，围岩正向稳定方向发展；

③ 当位移变化小于 0.2mm/d 时，围岩已基本达到稳定。

（5）围岩压力及支护间接触应力

1）监测目的

监测作用于支护结构与岩土体之间的径向接触应力，了解支护结构受力状况，确保施工安全，并据以检验和修正采用的设计计算方法。

2）测点布置

围岩压力及支护间接触应力监测为选测项目，按照施工设计图纸要求，在隧道洞室内选择具有代表性的地段布设压力测点，每个监测断面测点分别布置在结构的支座、拱腰、跨中等部位。

3）测点埋设及技术要求

初期支护施工过程中土压力计和钢筋计的安装：在安装格栅钢架时将土压力计设置于岩壁与钢拱架之间，使压力膜向外直接接触岩壁，钢筋计在初期支护施工时在钢筋格栅上各选取迎土侧和开挖侧一根主筋进行钢筋计的安装，二衬结构施工时在同一断面各选取迎土侧和开挖侧一根主筋进行钢筋计的安装，埋设前计算好各种标高的关系，并记录每个土压力及和钢筋计的位置及编号，将所有元件测量导线牵引至方便测量的位置（图 5-45）。

图 5-45　围岩压力钢格栅压力监测安装图

4）监测方法

埋设的土压力计、钢筋计采用频率读数仪进行定时量测。根据监测计划，按时进行监测，及时绘制土压力曲线，了解围岩土石压力，以利于施工决策。

5）监测频率

拱顶沉降和净空收敛监测频率按照表5-2的规定执行。

（6）盾构管片收敛监测

1）在隧道拼装完成的管片（管片脱出盾构机 70m 后）上布设管片

图 5-46　盾构管片监测

变形监测点，在变形监测点布设后测得各点的初始值，在盾构机推进时定期观测管片变形（图 5-46）。

2）管片变形监测点的布设：监测点布设在上下左右的隧道壁上，测点间距为 10 环。用红油漆在测点位置做好标记。将高精度手持测距仪安放于测点位置上分别进行上下、左右的成对测量，为了提高测量精度，每对测点间连续观测两次，其平均值作为本次观测值（图 5-47）。

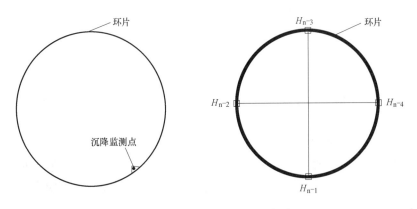

图 5-47　盾构管片监测示意图

（7）盾构管片的沉降监测

隧道沉降测量时，观测点的标志可设置在衬砌环连接螺栓上，既不易破坏又便于观测。水准基点布设在始发井的底台上。每隔 10 环设置一个沉降观测点，通过稳定的工作点来测定观测点的沉降，而工作点再应用水准基点来作检测。

第三节　高层建（构）筑物的变形监测

1. 监测项目

1）高层建筑物的监测主要就是对建（构）筑物以及地基所产生的沉降、倾斜、裂缝、位移等变形现象进行监测。

2）高层建筑物变形监测一般分为施工阶段和运营（使用）阶段。在施工阶段，基础开挖，建筑物受地下水位升降、荷载的作用，会使其产生高程上的位移现象；基础完工后，随着施工进展，荷重不断增加，基础也产生下沉现象，对它的观测称沉降观测。竣工后，在运营阶段，往往持续若干年，沉降现象方能停止。

3）沉降观测应从基础施工开始，直至运营后沉降稳定为止。

2. 基准点布设

基准点布设与基坑和地下工程监测布点原则一致，具体要求如下：

1）沉降基准点必须坚固稳定且便于长期保存；

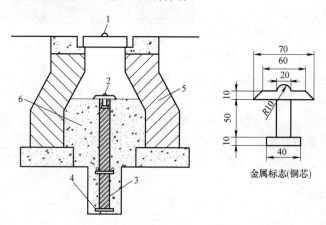

图 5-48　基准点埋设示意图

1—直径 700mm 铸铁井盖；2—金属标志（铜芯）；3—钢管柱石；

4—金属根络；5—护壁；6—矿渣填充物

2）为了对沉降基准点进行联测，沉降基准点埋设三个，以保证沉降观测成果的正确性；

3）沉降基准点与观测点的距离不宜太远，以保证足够的观测精度；

4）沉降基准点须埋设在建筑物的压力传播范围以外，距离新建建筑物基坑边线不小于 15m。同时，为了防止沉降基准点受到冻胀的影响，沉降基准点的埋设深度不小于 1.5m，以保证沉降基准点的稳定（图 5-48）。

3. 建筑物沉降监测

（1）建筑物沉降监测布点原则

根据《建筑变形测量规程》JGJ 8—2007 规定，沉降观测点布设位置应符合下列要求（图 5-49～图 5-52）：

1）建筑的四角、核心筒四角、大转角处及沿外墙每 10～20m 处或每隔 2～3 根柱基上。

2）高低层建筑、新旧建筑、纵横墙等交接处的两侧。

3）建筑裂缝、后浇带和沉降缝两侧、基础埋深相差悬殊处、人工地基与天然地基接壤处、不同结构的分界处及填挖方分界处。

4）对于宽度大于等于 15m 或小于 15m 而地质复杂以及膨胀土地区的建筑，应在承重

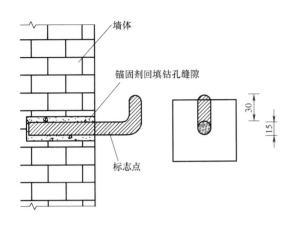

图 5-49　沉降点埋设示意图

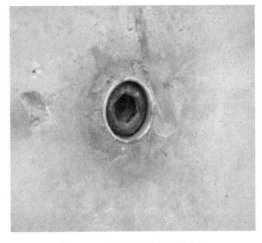

图 5-50　沉降点现场埋设图 1

内隔墙中部设内墙点，并在室内地面中心及四周设地面点。

5）邻近堆置重物处、受震动显著影响的部位及基础下的暗沟处。

6）框架结构建筑的每个或部分柱基上或沿纵横轴线上。

7）筏形基础、箱形基础底板或接近基础的结构部分之四角处及中部位置。

8）重型设备基础和动力设备基础的四角、基础形式或埋深改变处以及地质条件变化处两侧。

9）对于电视塔、烟囱、水塔、油罐、炼油塔、高炉等高耸建筑，应在沿周边与基础轴线相交的对称位置上，点数不少于 4 个。

（2）观测方法与数据分析

图 5-51　沉降点现场埋设图 2

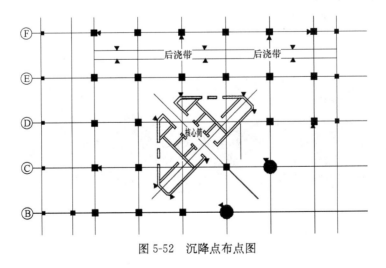

图 5-52　沉降点布点图

95

建筑物沉降观测与地表沉降监测相同，采用精密水准仪监测。相关方法和数据分析参考地表沉降监测。

（3）观测要求

1）建筑物施工阶段的观测应符合下列规定[3]：

① 普通建筑物可在基础完工后或地下室砌完后开始观测，大型、高层建筑可在基础垫层或基础底部完成后开始观测。

② 观测次数与间隔时间应视地基与加荷情况而定。民用高层建筑可每加高 1～5 层观测一次，工业建筑可按回填基坑、安装柱子和屋架、砌筑墙体、设备安装等不同施工阶段分别进行观测。若建筑施工均匀增高，应至少在增加荷载的 25％、50％、75％和 100％时各测一次。

③ 施工过程中若暂停工，在停工时及重新开工时应各观测一次。停工期间可每隔 2～3 个月观测一次。

2）建筑使用阶段的观测次数，应视地基土类型和沉降速率大小而定。除有特殊要求外，可在第一年观测 3～4 次，第二年观测 2～3 次，第三年后每年观测 1 次，直至稳定为止。

3）在观测过程中，若有基础附近地面荷载突然增减、基础四周大量积水、长时间连续降雨等情况，均应及时增加观测次数。当建筑突然发生大量沉降、不均匀沉降或严重裂缝时，应立即进行逐日或 2～3d 一次的连续观测。

4）建筑沉降是否进入稳定阶段，应由沉降量与时间关系曲线判定（图 5-53）。当最后 100d 的沉降速率小于 0.01～0.04mm/d 时可以认为已经进入稳定阶段。具体取值宜根据各地区地基土的压缩性能确定。

（4）沉降观测的成果整理

1）整理原始记录

每次观测结束后应检查记录的数据和计算是否正确，精度是否合格，然后调整闭合差，推算出各沉降观测点的高程，并填入"沉降观测表"中。

2）计算沉降量

计算各沉降观测点的本次沉降量：

沉降观测点的本次沉降量＝本次观测所得的高程－上次观测所得的高程

计算累积沉降量：

累积沉降量＝本次沉降量＋上次累积沉降量

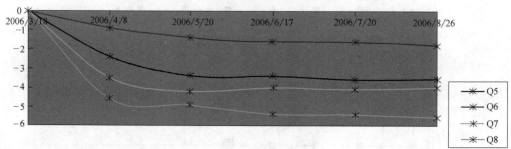

图 5-53　沉降监测变形曲线示意图

　　将计算出来的各沉降观测点的本次沉降量、累积沉降量和观测日期、荷载等情况填入"沉降观测表"中。

4. 建筑物的倾斜观测

　　测量建筑物、构筑物倾斜率随时间而变化的工作叫倾斜观测。一般在建筑物立面上设置上下两个观测标志，上标志通常为建筑物、构筑物中心线或其墙、柱等的顶部点，下标志为与上标志相应的底部点，它们的高差为 h，测出上标志与下标志间的水平距离 ΔD，则两标志的倾斜率 i 为：

$$i=\frac{\Delta D}{h} \tag{5-7}$$

（1）倾斜观测点的布设

　　建（构）筑物的主体倾斜观测的整体倾斜观测点宜布设在建（构）筑物竖轴线或其平行线的顶部和底部，分层倾斜观测点宜分层布设高低点。观测标志可采用固定标志、发射片或建（构）筑物的特征点。

（2）观测方法

　　倾斜观测的方法有以下几种 ：

　　——基础差异沉降推算：

$$\Delta=\sqrt{(\Delta X)^2+(\Delta Y)^2} \tag{5-8}$$

　　——前方交会法：

$$i=\tan\alpha=\frac{\Delta D}{H} \tag{5-9}$$

　　——经纬仪投点法；

　　——垂线法；

　　——倾斜仪法；

　　——激光准直法。

　　建筑物主体的倾斜观测，应测定建筑物顶部观测点相对于底部观测点的偏移值，再根据建筑物的高度，计算建筑物主体的倾斜度（图 5-54、图 5-55）。

（3）采用全站仪进行观测

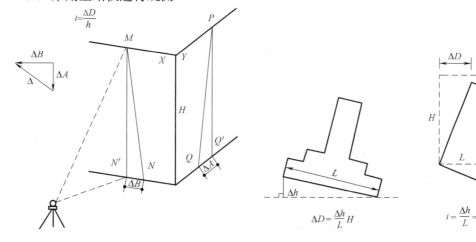

图 5-54　建筑物倾斜观测示意图　　　图 5-55　建筑物差异倾斜观测差异沉降法示意图

鉴于高层建筑物主体直接倾斜变形难以测量的问题，我们采用全站仪反射片技术的高层建筑物倾斜测量方法。研究结果显示该方法在保证测量精度的同时，能够很好地完成高层建筑物主体倾斜的监测工作，同时最大限度地解决建筑场地狭小、无法完成正交垂直投点标定法倾斜测量的问题。

在建筑物外侧 35m 左右，且在建筑物外立面延长线上布设监测基准点，按照矩形的建筑物来布点的话，应布设 4 个稳定的基准点。观测点采用与全站仪配套的反射片，布设在建筑物外立面上，并顶底对应布设。

按照《建筑变形测量规程》JGJ 8—2007 的二级变形测量等级要求，水平角观测 2 测回，竖直角 2 测回，测距 2 测回，每测回 4 个读数。

基于全站仪反射片技术的高层建筑物倾斜测量是在被测建筑物场地上建立独立坐标系，使用全站仪反射片在建筑物待测面上布设监测点，通过高精度全站仪直接观测建筑物上倾斜监测点三维坐标，获取建筑物主体或各层间监测点的 x 方向和 y 方向的偏移量，继而计算建筑物整体倾斜和位移（图 5-56）。

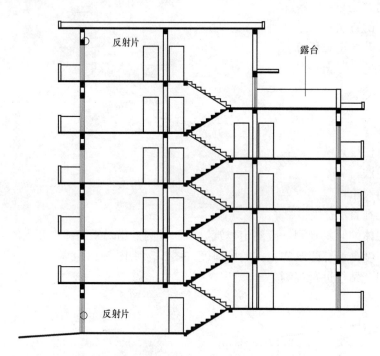

图 5-56　建筑物倾斜观测全站仪观测法示意图

5. 建筑物水平位移观测

1）建筑物、构筑物的位置在水平方向上的变化称为水平位移，水平位移观测是测定建筑物、构筑物的平面位置随时间变化的移动量。一般先测出观测点的坐标，然后将两次观测的坐标进行比较，算得位移量 δ 及位移方向 α。

$$\delta = \sqrt{\Delta x^2 + \Delta y^2} \tag{5-10}$$

$$a = \arctan \frac{\Delta y}{\Delta x} \tag{5-11}$$

2）水平位移观测点布设：

　　水平位移观测首先要在建筑物附近埋设测量控制点，再在建筑物上设置位移观测点。布点在建筑物的主要墙角和柱基上以及建筑沉降缝的顶部和底部，当有建筑裂缝时还应布设在裂缝的两边，大型构筑物的顶部、中部和下部。

　　3）观测方法：

　　水平位移观测的方法有以下几种：

　　——测角前方交会法；

　　——基准线法；

　　——极坐标法；

　　——导线法。

第四节　大坝、桥梁的施工监测（GPS）

1. GPS

　　GPS 是 20 世纪 70 年代美国国防部研制的全球定位系统（Global Positioning System）[4]，利用 GPS 空间测量新技术与常规地形变化监测技术相结合在测量领域中得到广泛应用（图 5-57）。大坝、桥梁变形监测常用的传统的方法是利用光学仪器建立高精度的监测控制网来测量位移。由于受地形、气候等条件制约影响了测量精度，而且观测时间长、劳动强度大，难以实现监测自动化。而采用 GPS 技术则具有操作简单、观测时间短、定位精度高、能全天候作业等优点，且结合计算机技术，可实现从数据采集、平差计算到变形分析的连续自动化，特别是，接收机体积的减少和价格降低、操作更简便，促进了 GPS 技术的推广与应用。

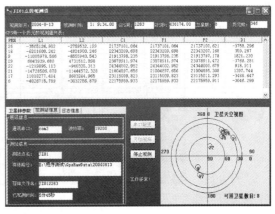

图 5-57　GPS 自动化监测系统

　　在 GPS 测量技术中[4]，相对定位是精度最高的一种定位方法，即采用两台 GPS 接收机分别安置在基线的两端，并同步观测相同的 GPS 卫星，以确定基线端点在协议地球坐标系中的相对位置或基线相量。这种方法一般可推广到多台接收机确定多条基线相量。由于两个或多个观测站是同步观测相同卫星。因此，卫星的轨道误差、卫星时钟差、接收机时钟差以及电离层和对流层的折射误差等得以消除和减弱，从而提高了相对定位的精度。

　　GPS 卫星定位系统由空间部分、地面监控部分和用户接收机三大部分组成。

2. GPS 监测特点

1）时间域上，要求监测要连续，处理要实时；

2）空间域上，监测点间可互不通视，容易实施远距离控制；

3）不受气候的影响，能保证全天候监测；

4）有足够的精度，保证能区分变形和误差；

5）能远程控制，不必经常到监测现场；

6）能做到监测、处理、分析、预报一体化、自动化。

3. GPS 变形监测模式[5]

一般分为两种模式：

1）第一种模式是，采用几台 GPS 接收机，定期到监测点上观测，对数据实施后处理并进行变形分析与预报（成本较低，但劳动强度大，不能实时监测，自动化程度较低）。

2）第二种模式是，在监测点上建无人值守的 GPS 观测系统，通过软件控制，实现实时监测和变形分析与预报。

4. GPS 一机多天线系统

由于精密 GPS 接收机价格高，监测成本会随着测点的增加而增加。因此，建立起一个较大型的 GPS 监测系统往往就需要天文数字的预算，从经济角度来看是不合适的。高成本的精密测量型 GPS 接收机极大地制约了 GPS 在变形监测领域的应用，针对这一问题，GPS 一机多天线控制系统应运而生，它使得一台 GPS 接收机能同时连接多个天线并保证 GPS 信号完整可靠。8 个乃至 20 多个监测点共用一台 GPS 接收机，整个监测系统的成本将大幅下降。GPS 一机多天线监测系统的核心部件之一是拥有自主知识产权的专利产品——一机多天线控制器（专利号：00219891.6），它将无线电通信中的微波开关技术、信号传输技术、计算机实时控制技术等有机地相结合，使系统能够互不干扰地接收来自若干个不同 GPS 监测点的传输信号，再通过后处理软件获取高精度的定位信息（图 5-58）。

GPS 一机多天线控制器包括几个主要组成部分[5]：

图 5-58　GPS 自动化监测系统示意图

1）数据处理中心；

2）数据传输；

3）GPS 多天线控制器及天线列阵；

4）基准站；

5）野外供电系统。

参 考 文 献

［1］　北京市轨道交通建设管理有限公司. 北京市城市轨道交通工程建设安全风险管理体系（2013 年版）［M］. 北京，2013.

［2］　北京市建设委员会，北京市质量技术监督局. 地铁工程监控量测技术规程 DB11/490—2007［M］. 北京，2007.

［3］　中华人民共和国建设部. 建筑变形测量规范 JGJ8—2007［S］. 北京：中国建筑工业出版社，2008.

［4］　南京水利科学研究院勘测设计院，常州金土木工程仪器有限公司. 岩土工程安全监测手册［M］. 第二版. 北京：中国水利水电出版社，2008.

［5］　何秀凤. 变形监测新方法及其应用［M］. 北京：科学出版社，2007.

第六章 工程风险管理与变形监测

近年来，随着地下空间开发与利用，大型基坑开挖、地铁施工事故频发，让人们深刻地认识到了风险因素的不确定性严重地影响了施工安全。如果人们能够提前预测和分析潜在风险源，判断出现风险的可能性，事先做好预防措施，这样就能够将意外事故降低到最低，从而避免不必要的损失。本章主要以如何做好轨道交通工程安全风险管理为例进行解释。

第一节 施工监测与风险管理的关系

安全风险管理的控制枢纽是风险评判和决策，而评判和决策的前提是获取准确、可靠的施工监测数据。通过采用各种先进的监测技术对潜在风险源进行监测，是获取建设工程及周边建筑设施环境形变、变形的主要手段。而工程建设的安全风险管理是通过对各种监测数据的分析，对各种风险源和潜在风险进行及时、有效的分析评判和评估，来控制和规避危险事件的发生，同时进行事后总结，从理论和实践上验证了监测数据，进而推进了工程施工监测技术的发展。

第二节 安全风险监控组织机构

工程监测包括施工监测和第三方监测[1]，施工监测应按照施工设计图纸和相关规范要求进行，第三方监测应根据业主委托合同进行（图6-1）。施工和监理单位也应配备专

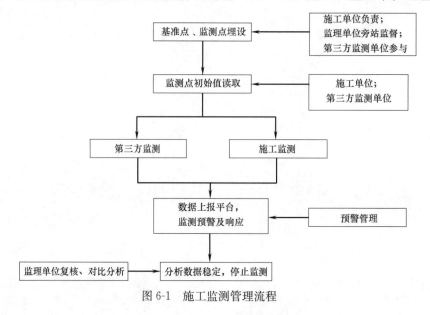

图 6-1 施工监测管理流程

门的安全风险管理组织机构，成立领导小组和实施小组。

1）第三方监测单位应配备安全风险管理组，成立现场监测作业组、巡视组和咨询组。

2）施工单位应配备专门的安全风险管理组织机构，成立领导小组和实施小组。领导小组原则上由项目经理、总工分别担任组长、副组长。主要成员包括工程部或主管技术、安全部门负责人。实施小组由工程部或技术、安全部门的有关人员组成。

3）监理单位应成立安全风险管理组，由项目总监担任组长，下设视频监控小组和安全巡视小组。

第三节　风险识别与管理

1. 风险识别

根据工程项目和施工工地的实际情况，系统、有序地识别风险源范围，划分不同等级，确定风险源的存在和分布情况。在施工准备期对施工现场深入识别工程自身风险和环境风险因素，进行风险工程分级和调整。分析和评估施工中可能发生的安全风险；确定现场监测的对象、项目内容、范围以及监测频率，并实施监测。

2. 风险分级原则

1）自身风险工程应根据工程地质和水文地质条件，基坑开挖深度，矿山法结构的层数、跨度、断面形式、覆土厚度、开挖方法等进行分级。

2）环境风险工程应根据环境设施的重要性、环境设施状况、环境设施与轨道交通工程的接近程度等因素，并依据轨道交通建设对环境设施的影响程度等级进行划分。

3. 风险管理

1）施工单位在完成施工准备期安全风险识别与评估的基础上，分工法填报施工单位安全风险评估表，经项目技术负责人签认后，报监理单位。

2）监理单位负责对施工单位的设计文件学习、现场地质踏勘、环境核查，督促和检查施工单位建立和完善安全管理机制，审核施工单位的施工方案、施工组织及安全措施。

3）参与施工中关键技术措施可行性和有效性的审定，并对相应的安全风险作出评价；综合分析监测数据和地质状况，对施工影响区内的环境安全状态作出及时、可靠的评估，及时进行预警和报警，并提出建议处置措施。

4）施工单位做好施工降水、地层注浆、临时工程设计和重要管线及建筑物的保护方案，并经监理审查。

5）当发生环境破坏事故及社会纠纷时，提供可靠、公正的监测资料，用以界定相关各方的责任。

根据《城市轨道交通工程设计规范》DB11/995—2013 规定，新建地下工程安全风险主要有自身风险和环境风险两类。自身风险是指轨道交通地下工程本身的实施风险，关注重点为地下工程实施的难易程度；环境风险是指因地下工程实施引起临近设施（环境风险）的风险，关注重点为地层变形对临近设施的影响。

与工程自身风险有关的因素包括结构规模的大小、施工方法及采取措施的适宜性、施工引起地层变形的大小以及地层中是否存在影响施工安全的不良地质等因素。各类风险源及分级参照以下各表格执行。

1）轨道交通沿线常见的环境风险源见表 6-1。

各类常见环境风险源   表 6-1

序号	类 别	环 境 设 施
1	地面铁路、轨道交通	地面铁路、城市轨道交通和采用轨道运输系统的工程设施等
2	地面建(构)筑物	紧邻或在工程影响区域范围内的地面建筑物、其他构筑物(烟囱、水塔、油库、加油站、气罐、高压线铁塔、厂房、车库等)
3	地下构筑物	地下通道、交通隧道、地下商业、人防工程、地下过街道等
4	市政桥梁	高架桥、立交桥、匝道桥、人行天桥等
5	市政管线	雨污水管、自来水管、中水管、燃气管、电信(力)管、热力管以及各类军用管线等
6	城市道路	各等级城市道路工程设施
7	水体	江、河、湖、一般水塘和小河沟等
8	绿化、植物	重要的和受保护的树木等

注：当轨道交通地下结构与上述各类设施构成上跨、下穿、紧邻和连通等关系，工程实施期间和运营期间可能产生影响时，可将上述设施作为环境安全风险源。

2）地下工程各工法自身风险分级宜参照表 6-2 的规定执行。

地下工程各类工法自身风险分级   表 6-2

风险基本分级	工法	自身风险工程	级别调整
一级	明挖法、盖挖逆作法	地下四层或深度超过 25m(含 25m)的深基坑	—
	矿山法	地下双层及以上的暗挖车站和类似结构；开挖宽度超过 16m 的单层隧道；开挖高度超过 18m 的单跨隧道	—
	盾构法	较长范围处于非常接近状态(隧道净距 $L \leqslant 0.3D$)的并行或交叠盾构隧道	—
二级	明挖法、盖挖逆作法	地下三层或深度 15～25m(含 15m)的深基坑	宽度大于 35m 的超宽基坑、复杂平面基坑、偏压基坑等，风险等级可上调一级
	矿山法	开挖深度在 7～16m(含 16m)的单层隧道，较长范围处于非常接近状态(隧道净距 $L \leqslant 0.5B$)的并行或交叠区间隧道	断面复杂、偏压、受力体系多次转换的暗挖工程，风险等级可上调一级
	盾构法	较长范围处于接近状态(0.3D<隧道净距 $L \leqslant 0.7D$)的并行或交叠盾构隧道；盾构区间的联络通道；盾构始发、到达区段	
三级	明挖法、盖挖逆作法	地下二层或深度 5～15m(含 5m)的深基坑	基坑平面复杂、偏压基坑等，风险等级可上调一级
	矿山法	一般断面矿山法区间隧道或同体量隧道；较长范围处于接近状态(0.5D<隧道净距 $L \leqslant 1.5B$)的并行或交叠隧道	断面复杂、偏压、受力体系多次转换的暗挖工程，风险等级可上调一级
	盾构法	一般盾构法区间隧道	—

注：B——矿山法隧道毛洞设计宽度；D——盾构发隧道设计外径。

3）环境设施的重要性可按表 6-3 的规定执行。

各类环境设施的重要性划分表 表 6-3

环境设施类型 重要性等级	建(构)筑物	地下管线	桥梁	城市道路
极重要	重要保护性的文物古建,国家城市标志性建筑,地面铁路,轨道交通	—	—	机场跑道及停机坪
重要	近代优秀建筑物,重要的工业建筑物,10 层以上的高层或超高层民用建筑物,地下道路,交通隧道	直径大于 0.6m 的燃气总管,市政热水干线,雨、污水管总管,自来水总供水管	交通节点高架桥、立交桥主桥连续箱梁	城市快速路,高速路
较重要	较重要的工业建筑物,7~9 层的中高层建筑物,地下商业,人防工程,地下过街道等	自来水干管	城市高架桥、立交桥主桥连续箱梁	城市主干路、次干路
一般	一般工业建筑物,1~3 层的底层民用建筑物,4~6 层的多层建筑物,7~9 层的中高层民用建筑物,一般地下构筑物	自来水支管,燃气支管,市政热力支线,雨、污水支线	立交桥主桥简支 T 梁、异形板、立交桥匝道桥,人行天桥	城市支路,人行道,广场

4）环境风险分级结合环境设施的重要程度和接近关系,可参考表 6-4 进行风险分级。

环境风险分级参考表 表 6-4

	环境设施 重要性	接 近 关 系			
		接近	较接近	一般	不接近
环境分级	极重要	特级	特级	一级	三级
	重要	一级	一级	二级	三级
	较重要	二级	二级	三级	—
	一般	三级	三级	—	—

注：1. 对以下情况,可以上调一级：

1）地质条件复杂；

2）对保护标准要求高的古建、国家城市标志性建筑；

3）经鉴定状况不佳的危险建筑。

2. 对以下情况,可下调一级：

1）采用盾构法施工；

2）当环境对象在建时与新建地铁工程设计有过相关配合,或预留了一定的穿越条件。

第四节 现场安全巡视内容

1. 首次巡视

在基坑施工前对所要巡视的地面、地下管线、周边建（构）筑物等作首次巡视。首次巡视的重点是调查地面有无裂缝、地面隆陷情况。有裂缝的地方做好标识，记录裂缝的位置、形态，并记录裂缝的宽度，并采用拍照的方式对既有裂缝、地面隆陷等情况进行影像资料存档。

2. 日常巡视

日常巡视的内容包括：

1）围护结构体系有无裂缝、倾斜、渗水、坍塌；

2）支护体系施作的及时性；

3）基坑周边堆载情况；

4）地层情况；

5）地下水控制情况；

6）地表积水情况；

7）管线沿线地面开裂、渗水及塌陷情况；

8）地面裂缝；

9）地面沉陷、隆起等。

对在首次巡视中发现的既有裂缝测量其宽度并与初始宽度进行现场比较。发现地下管线持续漏水、检查井内出现开裂或进水等异常情况及时通报，并拍照存档。巡视过程中，填写现场安全巡视表。

第五节 监测预警级别分类

（1）施工安全预警分为监测预警、巡视预警和综合预警，监测预警是依据施工过程中对监测点的实际监测值与设计、规范提出的监控量测控制值（变形量和变化速率"双控"值）进行对比，确定监测对象（工程自身或周边环境）的不安全程度的预警。现场监测成果按黄色、橙色和红色三级警戒状态进行管理和控制，根据现场监测项目测点变形量及变形速率情况判断。

根据《建筑基坑工程监测技术规范》GB 50497—2009 规定，当工程出现下列情况之一时，必须立即进行危险报警，并应对基坑支护结构和周边环境中的保护对象采取应急措施。

1）监测数据达到监测报警值的累计值。

2）基坑支护结构或周边土体的位移值突然明显增大或基坑出现流砂、管涌、隆起、陷落或较严重的渗漏等。

3）基坑支护结构的支撑或锚杆体系出现过大变形、压屈、断裂、松弛或拔出的迹象。

4）周边建筑的结构部分、周边地面出现较严重的突发裂缝或危害结构的变形裂缝。

5）周边管线变形突然明显增长或出现裂缝、泄漏等。

6）根据当地工程经验判断，出现其他必须进行危险报警的情况。

（2）根据《地铁工程监控量测技术规程》DB11/490—2007 规定，发生黄色预警时，监测组和施工单位应加密监测频率，加强对地面和建筑物沉降动态的观察，尤其应加强对预警点附近的雨污水管和有压管线的检查和处理；发生橙色预警时，除应继续加强上述监测、观察、检查和处理外，还应根据预警状态的特点进一步完善针对该状态的预警方案，同时应对施工方案、开挖进度、支护参数、工艺方法等作检查和完善，在获得设计和建设单位同意后执行；发生红色预警时，除应立即向上述单位报警外，还应立即采取补强措施，并经设计、施工、监理和建设单位分析和认定后，改变施工顺序或设计参数，必要时应立即停止开挖，进行施工处理。三级预警可根据表 6-5 进行判定。

预警状态判定表　　　　　　　　　　　　　　　　　　表 6-5

预警级别	预警状态描述
黄色监测预警	实测位移（或沉降）的绝对值和速率值双控指标均达到极限值的 70%～85% 之间时；或双控指标之一达到极限值的 85%～100% 之间而另一指标未达到该值时。
橙色监测预警	实测位移（或沉降）的绝对值和速率值双控指标均达到极限值的 85%～100% 之间时；或双控指标之一达到极限值而另一指标未达到时；或双控指标均达到极限值而整体工程尚未出现不稳定迹象时
红色监测预警	实测位移（或沉降）的绝对值和速率值双控指标均达到极限值，与此同时，还出现下列情况之一时：实测的位移（或沉降）速率出现急剧增长；隧道或基坑支护混凝土表面出现裂缝，同时裂缝处已开始渗流水

注：对于桥梁监测，表中双控指标应为横向差异沉降值和纵向差异沉降值。

1）根据《建筑基坑工程监测技术规范》GB 50497—2009 规定，基坑周边环境监测报警值应根据主管部门的要求确定，如主管部门无具体规定，可按照表 6-6 采用。

建筑基坑工程周边环境监测报警值　　　　　　　　　　表 6-6

监测对象			项目	累计值 （mm）	变化速率 （mm/d）	备注
1	地下水位变化			1000	500	—
2	管线 位移	刚性 管线	压力	10～30	1～3	直接观察 点数据
			非压力	10～40	3～5	
		柔性管线		10～40	3～5	—
3	邻近建筑位移			10～60	1～3	—
4	裂缝宽度	建筑		1.5～3	持续发展	—
		地表		10～15	持续发展	—

注：建筑整体倾斜度累计值达到 2/1000 或倾斜度连续 3d 大于 $0.0001H/d$（H 为建筑承重结构高度）时应报警。

2）根据《建筑基坑工程监测技术规范》GB 50497—2009 规定，基坑及支护结构监测报警值应根据土质特征、设计结果及当地经验等因素确定；当无当地经验时，可根据土质特征、设计结果及表 6-7 确定。

基坑及支护结构监测报警值 表 6-7

序号	监测项目	支护结构类型	一级 累计值 绝对值(mm)	一级 累计值 相对基坑深度(h)控制值	一级 变化速率(mm/d)	二级 累计值 绝对值(mm)	二级 累计值 相对基坑深度(h)控制值	二级 变化速率(mm/d)	三级 累计值 绝对值(mm)	三级 累计值 相对基坑深度(h)控制值	三级 变化速率(mm/d)
1	围护墙(边坡)顶部水平位移	放坡、土钉墙、喷锚支护、水泥土墙、锚喷支护	30~35	0.3%~0.4%	5~10	50~60	0.6%~0.8%	10~15	70~80	0.8%~1.0%	15~20
		钢板墙、锚、型钢水泥土墙、地下连续墙	25~30	0.2%~0.3%	2~3	40~50	0.5%~0.7%	4~6	60~70	0.6%~0.8%	8~10
2	围护墙(边坡)顶部竖向位移	放坡、土钉墙、喷锚支护、水泥土墙	20~40	0.3%~0.4%	3~5	50~60	0.6%~0.8%	5~8	70~80	0.8%~1.0%	8~10
		钢板桩、灌注桩、型钢水泥土墙、地下连续墙	10~20	0.1%~0.2%	2~3	25~30	0.3%~0.5%	3~4	35~40	0.5%~0.6%	4~5
3	深层水平位移	水泥土墙	30~35	0.3%~0.4%	5~10	50~60	0.6%~0.8%	10~15	70~80	0.8%~1.0%	15~20
		钢板墙	50~60	0.6%~0.7%	2~3	80~85	0.7%~0.8%	4~6	90~100	0.9%~1.0%	8~10
		型钢水泥土墙	50~55	0.5%~0.6%		75~80	0.7%~0.8%		80~90	0.9%~1.0%	
		灌注桩	45~50	0.4%~0.5%		70~75	0.6%~0.7%		70~80	0.8%~1.0%	
		地下连续墙	40~50	0.4%~0.5%		70~75	0.7%~0.8%		80~90	0.9%~1.0%	
4	立柱竖向位移		25~35	—	2~3	35~45	—	4~6	55~65	—	8~10
5	基坑周边地表竖向位移		25~35	—	2~3	50~60	—	4~6	60~80	—	8~10
6	坑底隆起(回弹)		25~35	—	2~3	50~60	—	4~6	60~80	—	8~10
7	土压力		60%~70%f1			70%~80%f1			70%~80%f1		
8	孔隙水压力										
9	支撑内力		60%~70%f2			70%~80%f2			70%~80%f2		
10	围护墙内力										
11	立柱内力										
12	锚杆内力										

注: 1. h 为基坑设计开挖深度; f1 为荷载设计值; f2 为构件承载能力设计值。
2. 累计值取绝对值和相对基坑深度(h)控制值两者的小值。
3. 当监测项目的变化速率达到表中规定值或连续 3d 超过该值的 70%时,应报警。
4. 嵌岩的灌注桩或地下连续墙报警值宜按表中数值的 50%取用。

第六节　监测及巡视资料的报送要求

报送形式包括：预警快报、日报、周报及月报。

1. 预警快报

内容包括风险时间、地点、风险概况、原因初步分析、变化趋势、风险处理建议等。

2. 日报

1) 当日施工工况信息：包括工点的施工开挖进度，进度与风险工程关系等（必要时附照片）。

2) 当日施工监测巡视异常信息及预警情况：包括工点风险现状、统计说明工点监测、巡视预警情况，给出正常或黄、橙、红色综合预警建议。

3) 当日施工监测、巡视数据成果表：包括所监测项目的数据成果报表。

3. 周报

1) 本周施工工况统计信息：包括本周具体施工开挖进度，进度与风险工程关系等。

2) 本周监测及巡视作业情况：包括监测项目、巡视内容、完成监测及巡视工作量等。

3) 本周监测巡视异常信息及预警情况：包括工点风险现状、工点监测、巡视预警情况的统计说明，监测数据及巡视信息综合分析情况等。

4) 本周风险事务处理情况：包括对各方反馈意见落实情况及风险事务处理、效果、变化趋势、存在问题、下一步风险处理建议等。

5) 下周风险管控重点：主要涵盖风险预告（可细化到各风险因素关注或管控的内容，施工组织与管理等）。

6) 相关附图、附表：各监测项目监测布点图，包括各监测项目监测布点位置、点号及施工进度标注、本周或本月施工监测；巡视数据汇总成果表，包括本周所监测项目的数据汇总成果报表、变形断面曲线、变形时程曲线等图表。

4. 月报

1) 本月监测、巡视及异常信息、预警的统计：包括工点风险现状、统计说明工点监测、巡视预警及综合预警情况，本月监测数据及巡视信息综合分析情况。

2) 本月风险事务处理情况：包括对各方反馈意见落实情况及风险事务处理、效果、变化趋势、存在问题、下一步风险处理建议等。

3) 下月风险管控重点：主要涵盖关注工点的风险管控措施要点及风险预告（可细化到各风险因素关注或管控的内容，施工组织与管理等）。

第七节　信息化监测

根据住房和城乡建设部关于印发《2011—2015 年建筑业信息化发展纲要》的通知，要求企业应加强信息基础设施建设，提高企业信息系统安全水平。推广应用工程施工组织设计、施工过程变形监测、施工深化设计等。目前应用于施工监测中的信息化应用包括以下方面。

1. 视频监控系统

可监控所有施工过程控制及施工安全隐患（图 6-2～图 6-5）。

（1）矿山法暗挖工程[1]

图 6-2　视频监控摄像头

包括地层岩性及变化、地层渗水情况、开挖、钢格栅架设、锁脚锚管打设、连接筋焊接、钢筋网片铺设、超前小导管打设、壁后回填注浆管埋设、分层喷射混凝土、注浆、壁后回填注浆及临时支撑拆除等工序，且要求尽量对超前小导管与锁脚锚管打设及其注浆、钢格栅连接、回填注浆等细部信息进行实时连续监控。

图 6-3　视频监控系统

（2）主体结构明挖基坑工程及周边环境复杂的附属结构明挖基坑工程[1]

场区管线情况，地层及渗水情况，开挖、支护、支撑体系（含开挖、钢支撑架设、锚杆索安装、挂网及喷射混凝土等工序），以及周边堆载情况等。

（3）施工竖井

提升设备挂钩，钢丝，井底作业情况等。

（4）掌子面各道工序作业人员和专、兼职安全员到位情况，监理旁站情况等

图 6-4　视频监控系统截图

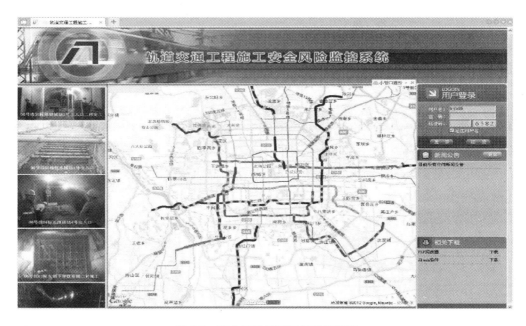

图 6-5　安全风险监测监控系统截图

2. 信息平台使用

（1）施工准备期

在工程开工前需上传："施工单位地质、环境核查与评估表"和"施工单位明挖法、矿山法设计安全性核查表"、监理单位安全风险评估表、施工队伍评估表等。信息上传完成后信息平台才能完全开通，方可正常使用。

（2）施工期

施工期间需上传的资料有：每天的巡视报表、日常监测数据、工程进度报表、周报、

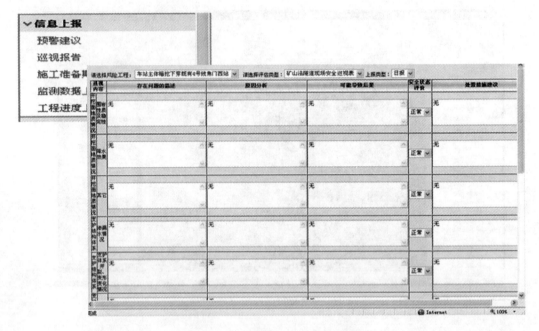

图 6-6　信息平台巡视信息系统截图

月报等。监理单位和第三方监测单位在巡视中发现施工现场认为存在需要报警的工程时可通过填写"信息上报"栏中的"预警建议"表上报（图 6-6、图 6-7）。

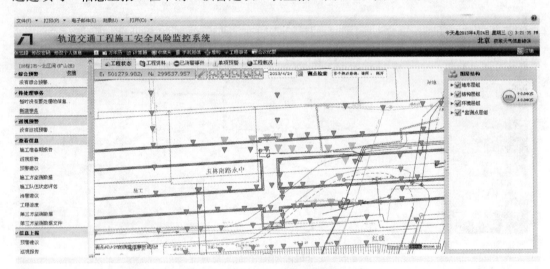

图 6-7　信息平台监测预警系统截图

系统通过监测数据和巡视信息自动发布"正常、黄、橙、红"色预警，同时信息平台上会以不同颜色形式闪烁，提醒相关人员预警位置和点位编号信息。

参 考 文 献

[1]　北京市轨道交通建设管理有限公司. 北京市城市轨道交通工程建设安全风险管理体系（2013 年版）〔M〕. 北京，2013.

第七章 变形监测资料归档及管理

第一节 变形监测资料填写要求

（1）根据《建筑工程资料管理规程》JGJ/T 185—2009 规定，工程资料应真实反映工程质量的实际情况，并与工程同步形成、收集和整理。工程资料应字迹清晰并有相关人员及单位的签字盖章，各单位应确保各自资料的真实性、有效性、完整齐全，严禁伪造或故意撤换。

（2）根据《建筑基坑工程监测技术规程》GB 50497—2009 规定，监测资料填写应反映监测真实情况，并与施工现场工程进度同步完成。现场测量人员应对监测数据的真实性负责，监测分析人员应对报告的可靠性负责，监测单位应对整个项目的监测质量负责。监测记录和监测技术成果均应有责任人签字，监测技术成果应加盖成果章。

1）外业观测值和记事项目，必须在现场直接记录于观测记录表中。记录表中任何原始记录不得擦去或涂改，原始记录不得转抄。（对于电子水准仪、全站仪等电子仪器应对应相应软件将原始数据导出并存档）

2）观测数据出现异常时，应分析原因，必要时应进行重测。

3）对各周期的观测数据要及时处理，选取与实际变形情况接近或一致的参考系进行平差计算和精度评定。

4）对变形的分析应将变形大小和变形速率结合起来，考察其发展的趋势，并作出预报。

5）提交当日报表及监测报告。

（3）报表中一般包括以下内容：标题应标明监测内容、测试日期与时间、报告编号等。测试数据和成果应提供测点编号、初始值、本次测试值、较上次测试的增量值、变化速率等。对监测值的发展及变化情况进行分析和评述，当接近报警值时应及时通报现场负责人、施工人员，提请有关部门关注。当日报表宜采用附录 A 中表 A1～表 A12 的样式。

（4）根据《建筑变形测量规范》JGJ 8—2007 规定，建筑变形测量技术报告内容应真实、完整，重点应突出，结构应清晰，文理应通顺，结论应明确。监测技术报告书应包括下列内容：

1）项目概况。应包括项目来源、观测目的和要求，测区地理位置及周边环境，项目完成的起止时间，实际布设和测定的基准点、工作基点、变形观测点点数和观测次数，项目测量单位，项目负责人、审核审定人等。

2）作业过程及技术方法。应包括变形测量作业依据的技术标准，项目技术设计或施测方案的技术变更情况，采用的仪器设备及其检校情况，基准点及观测点的标志及其布设情况，变形测量精度级别，作业方法及数据处理方法，变形测量各周期观测时间等。

3）成果精度统计及质量检验结果。

4）变形测量过程中出现的变形异常和作业中发生的特殊情况等。

5）变形分析的基本结论与建议。

6）提交的成果清单。

7）附图附表等。

第二节　变形监测资料归档

根据《建筑基坑工程监测技术规范》GB 50497—2009、《建筑工程资料管理规程》DB11/T 695—2009 规定，监测结束阶段，监测单位应向委托方提供以下资料，并按档案管理规定，组卷归档。

1）基坑工程监测方案；

2）测点布设、验收记录；

3）监测日报记录表；

4）阶段性监测报告；

5）监测总结报告。

附录 A 工程监测常用日报表格

_____水平位移、竖向位移监测日报表　　　　　　　　表 A1

监测工程名称：　　　　　　　　报表编号：　　　　　　　　天气：

本次监测时间：　　年　月　日　时　　　　上次监测时间：　　年　月　日　时

监测点号	初始值（mm）	上次累计变化量（mm）	本次累计变化量（mm）	本次变化量（mm）	变化速率（mm/d）	控制值		预警等级	备注
						累计变化值（mm）	变化速率值（mm/d）		

仪器型号：　　　　　　仪器出厂编号：　　　　　　检定日期：

施工工况：

监测结论及建议：

现场监测人：　　　　　　　计算人：　　　　　　　校核人：

监测项目负责人：　　　　　　　监测单位：

115

_____深层水平位移监测日报表 **表 A2**

监测工程名称：　　　　　　　　报表编号：　　　　　　　　天气：

本次监测时间：　年　月　日　时　　上次监测时间：　年　月　日　时

| 监测孔号 | 深度 (m) | 上次累计变化量 (mm) | 本次累计变化量 (mm) | 本次变化量 (mm) | 变化速率 (mm/d) | 控制值 | | 监测深度位移变化量曲线图 |
						累计变化值 (mm)	变化速率值 (mm/d)	

施工工况：

监测结论及建议：

现场监测人：　　　　　　　　计算人：　　　　　　　　校核人：

监测项目负责人：　　　　　　监测单位：

_____轴力（拉力）监测日报表　　　　　　表 A3

监测工程名称：　　　　　　　报表编号：　　　　　　　天气：

本次监测时间：　　年　月　日　时　　　上次监测时间：　　年　月　日　时

监测点号	初始值（kN）	上次测值（kN）	本次测值（kN）	本次变化值（kN）	变化速率（kN/d）	控制值		预警等级	备注
						最大值（kN）	最小值（kN）		
仪器型号：　　　　　仪器出厂编号：　　　　　检定日期：									

施工工况：

监测结论及建议：

现场监测人：　　　　　　　　计算人：　　　　　　　　校核人：

监测项目负责人：　　　　　　监测单位：

_____应力、压力监测日报表　　　　表 A4

监测工程名称：　　　　　　报表编号：　　　　　　　　　天气：

本次监测时间：　　年　月　日　时　　　上次监测时间：　　年　月　日　时

本次监测时间：　　年　月　日　时　　　上次监测时间：　　年　月　日　时

监测点号	初始值（kPa）	上次测值（kPa）	本次测值（kPa）	本次变化值（kPa）	变化速率（kPa/d）	控制值（kPa）	预警等级	备注
仪器型号：　　　　仪器出厂编号：　　　　检定日期：								

施工工况：

监测结论及建议：

现场监测人：　　　　　　　计算人：　　　　　　　　校核人：

监测项目负责人：　　　　　　监测单位：

_____建（构）筑物垂直度、标高观测记录　　表 A5

建(构)筑物垂直度、标高观测记录 表 C3-5		编号	
工程名称			
施工阶段		观测日期	
观测说明(附观测示意图)			

垂直度测量(全高)		标高测量(全高)	
观测部位	实测偏差	观测部位	实测偏差(mm)

结论：

签字栏	建设(监理)单位	施工单位		
		专业技术负责人	专业质检员	施测人

本表由施工单位填写，建设单位、施工单位各保存一份。

<u>　　　　　　　　　</u>基坑支护变形监测记录　　　　　　　　　表 A6

基坑支护变形监测记录 表 C3-9				编号			
工程名称							
施工单位				监测部位及测 点编号			
监测日期	检测值 （mm）	本期位移值 （mm）	累计位移值 （mm）	监测日期	检测值 （mm）	本期位移值 （mm）	累计位移值 （mm）
关键监测点位移时程曲线				监测断面及测点布置简图			
专业技术负责人		复合		计算		测量员	

本表由施工单位填写并保存。

120

_____地面沉降观测记录　　　　　　　　表 A7

面沉降观测记录 表 C3-10				编号			
工程名称							
施工单位				监测部位及测 点编号			
监测日期	检测值（mm）	本期沉降值（mm）	累计位移值（mm）	监测日期	检测值（mm）	本期沉降值（mm）	累计沉降值（mm）
关键监测点位移时程曲线				监测断面及测点布置简图			
专业技术负责人		复合		计算		测量员	

本表由施工单位填写并保存。

<u>　　　　　　　　</u>**掌子面地质及支护状况观察记录**　　　　表 **A8**

掌子面地质及支护状况观察记录 表 C3-11		编号	
工程名称			
施工单位			
施工部位		检查日期	年　月　日
里程		岩性年代	
埋深		围岩类别	
观察内容		状况	
1. 围岩加固情况； 2. 掌子面状况； 3. 洞体开挖（内缘）状况； 4. 地下水状况：水位、漏水点部位、水量； 5. 土壤含水量、容量、塑性指数； 6. 支护状况（是否开裂）			
岩性描述： 支护稳定状态		掌子面示意图	
备注			
	施　　工　　单　　位		
	专业技术负责人	施工员	质量员

本表由施工单位填写并保存。

_____结构净空收敛观测记录 表 A9

结构净空收敛观测记录 表 C3-12				编号			
工程名称							
施工单位							
观测点桩号		观测日期		自__年__月__日至__年__月__日			
测线位置	观测日期	时间间隔	前本次较差 （mm）	速率 （mm/d）	累计收敛 （mm）	初测日期	初测值
观测点(测线)布置简图							
专业技术负责人		测量员		计算		复核	

本表由施工单位填写并保存。

_____拱顶下沉观测记录   **表 A10**

拱顶下沉观测记录 表 C3-13			编号		
工程名称					
施工单位					
水准点编号： 水准点所在位置： 观测日期： 自　　年　　月　　日至　　　年 月　　日			测量部位： 测量里程：		

测点 位置	观测日期	时间间隔	前本次相差 （mm）	速率 （mm/d）	累计沉降 （mm）	初测 日期	初测值

专业技术负责人	测量员	计算	复核

本表由施工单位填写并保存。

<table>
<tr><td colspan="2">地中位移观测记录
表A11</td></tr>
</table>

地中位移观测记录 表 C3-14	编号	

工程名称	
施工单位	

观测日期： 自　年　月　日至　　年 月 日	点位与结构关系示意图： 测区里程：

观测点	观测日期	时间间隔	前本次相差 （mm）	总体位移 （mm）	初测日期	初测值

专业技术负责人	测量员	计算	复核

本表由施工单位填写并保存。

_____建（构）筑物/地下管线变形和破坏监测记录　　**表 A12**

建(构)筑物/地下管线变形和破坏监测记录 表 C3-15		编号	
工程名称		施工单位	
建（构）筑物/地下管线类型及现状描述			
监测部位		监测日期	自　年　月　日至　年　月　日

<table>
<tr><td colspan="12" align="center">建(构)筑物裂缝</td></tr>
<tr><td colspan="6" align="center">裂缝宽度(mm)</td><td colspan="6" align="center">裂缝长度(mm)</td></tr>
<tr><td>初始值</td><td colspan="5" align="center">监测值</td><td>初始值</td><td colspan="5" align="center">监测值</td></tr>
<tr><td></td><td></td><td></td><td></td><td></td><td></td><td></td><td></td><td></td><td></td><td></td><td></td></tr>
<tr><td></td><td></td><td></td><td></td><td></td><td></td><td></td><td></td><td></td><td></td><td></td><td></td></tr>
</table>

建(构)筑物沉降或地下管线挠度/(mm)

监测点	日期	量	日期	量	日期	量	日期	量	日期	量	日期

建(构)筑物倾斜(‰)

日期	量	日期	量	日期	量	日期	量	日期	量	日期	量

地下管线接头张开描述	

监测点布置简图

专业技术负责人	测量员	计算	复核

本表由施工单位填写，施工单位、建设单位保存。

附录 B 工程监测常用测点编号规则

表 B

监测项目	项目编号	点号编制原则	符号
建(构)筑物沉降	JCJ	编号规则:"建筑沉降-建筑物序号-断面编号测点编号"。如 "JCJ-01-21"为建筑物沉降 01 号建筑 2 断面 1 号测点	▼
桥梁墩台沉降及差异沉降	QCJ	编号规则:"桥沉降-桥序号-断面编号测点编号"。如:"QCJ-01-21"为桥沉降 01 号桥 2 断面 1 号测点	▼
建(构)筑物倾斜	JQX	编号规则:"建筑倾斜-建筑物序号-断面编号测点编号"。如 "JQX-01-21"为建筑物倾斜 01 号建筑 2 断面 1 号测点	◑
桥梁墩台倾斜	QQX	编号规则:"桥倾斜-桥序号-断面编号测点编号"。如:"QQX-01-21"为桥倾斜 01 号桥 2 断面 1 号测点	◑
热力管线沉降	GCRL	编号规则:"管沉降热力-管线序号-测点编号"。如:"GCRL-01-21"为 01 号热力管线 21 号沉降点。"GCW-02-02"为 02 号污水管线 2 号沉降测点	▼
燃气管线沉降	GCRQ		
污水管线沉降	GCW		
雨水管线沉降	GCY		
给水管线沉降	GCJ		
热力管线位移	GWRL	编号规则:"管水平位移热力-管线序号-测点编号"。如:"GWRL-01-21"为 01 号热力管线 21 号水平位移测点。"GWW-02-02"为 02 号污水管线 2 号水平位移测点	⬅
燃气管线位移	GWRQ		
污水管线位移	GWW		
雨水管线位移	GWY		
给水管线位移	GWJ		
地表、路面沉降	DB	编号规则:"地表-断面号-测点编号"。如:"DB-01-01"为 1 号断面 1 号沉降点	▼
桩顶水平位移	ZQS		⬅
桩体水平位移	ZQT		◕
桩体内力	ZTNL		▬
围岩压力	WL		▬
地下水位	SW	编号规则与地表沉降相同	⊜
拱顶下沉	GD		↑
净空收敛	JK		↓
支护(管片)内力	ZHNL		▬
支撑轴力	ZL		◨◧
钢筋内力	ZZNL		⊕

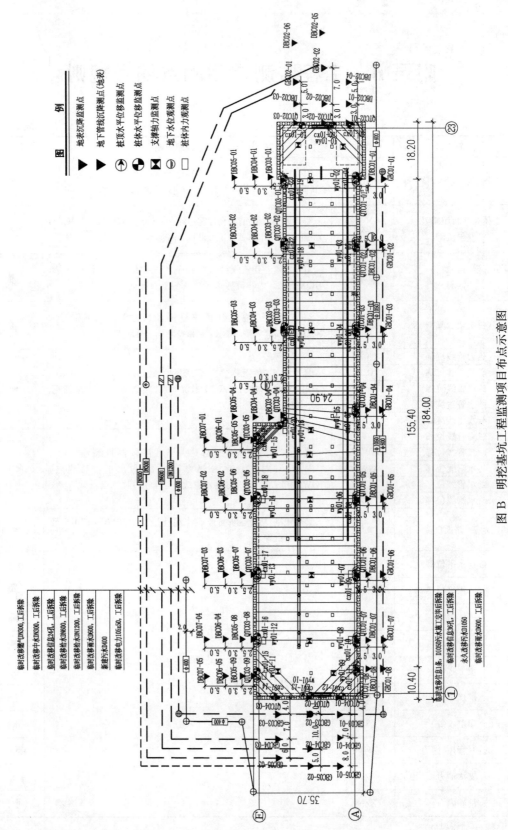

图 B 明挖基坑工程监测项目布点示意图

附录 C 中华人民共和国住房和城乡建设部、北京市住房和城乡建设委员会、东莞市住房和城乡建设局，关于加强变形监测的相关文件

建筑工程预防坍塌事故若干规定
建设部建质（2003）82 号

第一条 为预防坍塌事故发生，保证施工安全，依据《建筑法》和《安全生产法》对施工企业提出的有关要求，制定本规定。

第二条 凡从事建筑工程新建、改建、扩建等活动的有关单位，应当遵守本规定。

第三条 本规定所称坍塌是指施工基坑（槽）坍塌、边坡坍塌、基础桩壁坍塌、模板支撑系统失稳坍塌及施工现场临时建筑（包括施工围墙）倒塌等。

第四条 施工单位的法定代表人对本单位的安全生产全面负责，施工单位在编制施工组织设计时，应制定预防坍塌事故的安全技术措施。

项目经理对本项目的安全生产全面负责。项目经理部应结合施工组织设计，根据建筑工程特点，编制预防坍塌事故的专项施工方案，并组织实施。

第五条 基坑（槽）、边坡、基础桩、模板和临时建筑作业前，施工单位应按设计单位要求，根据地质情况、施工工艺、作业条件及周边环境编制施工方案，单位分管负责人审批签字，项目分管负责人组织有关部门验收，经验收合格签字后，方可作业。

第六条 土方开挖前，施工单位应确认地下管线的埋置深度、位置及防护要求后，制定防护措施，经项目分管负责人审批签字后，方可作业。土方开挖时，施工单位应对相邻建（构）筑物、道路的沉降和位移情况进行观测。

第七条 施工单位应编制深基坑（槽）、高切坡、桩基和超高、大跨度模板支撑系统等专项施工方案，并组织专家审查。

本规定所称深基坑（槽）是指开挖深度超过 5m 的基坑（槽）、或深度未超过 5m 但地质情况和周围环境较复杂的基坑（槽）。高切坡是指岩质边坡超过 30m、或土质边坡超过 15m 的边坡。超高、超重、大跨度模板支撑系统是指高度超过 8m、或跨度超过 18m、或施工总荷载大于 $10kN/m^2$、或集中线荷载大于 $15kN/m$ 的模板支撑系统。

第八条 施工单位应做好施工区域内临时排水系统规划，临时排水不得破坏相邻建（构）筑物的地基和挖、填土方的边坡。在地形、地质条件复杂，可能发生滑坡、坍塌的地段挖方时，应由设计单位确定排水方案。场地周围出现地表水汇流、排泄或地下水管渗漏时，施工单位应组织排水，对基坑采取保护措施。开挖低于地下水位的基坑（槽）、边坡和基础桩时，施工单位应合理选用降水措施降低地下水位。

第九条 基坑（槽）、边坡设置坑（槽）壁支撑时，施工单位应根据开挖深度、土质

条件、地下水位、施工方法及相邻建（构）筑物等情况设计支撑。拆除支撑时应按基坑（槽）回填顺序自下而上逐层拆除，随拆随填，防止边坡塌方或对相邻建（构）筑物造成破坏，必要时应采取加固措施。

第十条 基坑（槽）、边坡和基础桩孔边堆置各类建筑材料的，应按规定距离堆置。各类施工机械距基坑（槽）、边坡和基础桩孔边的距离，应根据设备重量、基坑（槽）、边坡和基础桩的支护、土质情况确定，并不得小于1.5m。

第十一条 基坑（槽）作业时，施工单位应在施工方案中确定攀登设施及专用通道，作业人员不得攀爬模板、脚手架等临时设施。

第十二条 机械开挖土方时，作业人员不得进入机械作业范围内进行清理或找坡作业。

第十三条 地质灾害易发区内施工时，施工单位应根据地质勘察资料编制施工方案，单位分管负责人审批签字，项目分管负责人组织有关部门验收，经验收合格签字后，方可作业。施工时应遵循自上而下的开挖顺序，严禁先切除坡脚。爆破施工时，应防止爆破震动影响边坡稳定。

第十四条 施工单位应防止地面水流入基坑（槽）内造成边坡塌方或土体破坏。基坑（槽）开挖后，应及时进行地下结构和安装工程施工，基坑（槽）开挖或回填应连续进行。在施工过程中，应随时检查坑（槽）壁的稳定情况。

第十五条 模板作业时，施工单位对模板支撑宜采用钢支撑材料作支撑立柱，不得使用严重锈蚀、变形、断裂、脱焊、螺栓松动的钢支撑材料和竹材作立柱。支撑立柱基础应牢固，并按设计计算严格控制模板支撑系统的沉降量。支撑立柱基础为泥土地面时，应采取排水措施，对地面平整、夯实，并加设满足支撑承载力要求的垫板后，方可用以支撑立柱。斜支撑和立柱应牢固拉接，形成整体。

第十六条 基坑（槽）、边坡和基础桩施工及模板作业时，施工单位应指定专人指挥、监护，出现位移、开裂及渗漏时，应立即停止施工，将作业人员撤离作业现场，待险情排除后，方可作业。

第十七条 楼面、屋面堆放建筑材料、模板、施工机具或其他物料时，施工单位应严格控制数量、重量，防止超载。堆放数量较多时，应进行荷载计算，并对楼面、屋面进行加固。

第十八条 施工单位应按地质资料和设计规范，确定临时建筑的基础形式和平面布局，并按施工规范进行施工。施工现场临时建筑与建筑材料等的间距应符合技术标准。

第十九条 临时建筑外侧为街道或行人通道的，施工单位应采取加固措施。禁止在施工围墙墙体上方或紧靠施工围墙架设广告或宣传标牌。施工围墙外侧应有禁止人群停留、聚集和堆砌土方、货物等的警示。

第二十条 施工现场使用的组装式活动房屋应有产品合格证。施工单位在组装后进行验收，经验收合格签字后，方能使用。对搭设在空旷、山脚等处的活动房应采取防风、防洪和防暴雨等措施。

第二十一条 雨期施工，施工单位应对施工现场的排水系统进行检查和维护，保证排水畅通。在傍山、沿河地区施工时，应采取必要的防洪、防泥石流措施。

深基坑特别是稳定性差的土质边坡、顺向坡，施工方案应充分考虑雨期施工等诱发因素，提出预案措施。

第二十二条　冬季解冻期施工时，施工单位应对基坑（槽）和基础桩支护进行检查，无异常情况后，方可施工。

中华人民共和国建设部

二〇〇三年四月十七日

中华人民共和国住房和城乡建设部关于进一步加强地铁建设安全管理工作的紧急通知

建质电〔2008〕118号

各省、自治区建设厅，北京市建委、规划委、交通委，上海市建设交通委、规划局，天津市建委、规划局，重庆市建委、规划局：

2008年11月15日15时20分，浙江省杭州市地铁1号线萧山湘湖站工段施工工地发生坍塌事故，造成长约100m、宽约50m的在施区域塌陷，施工现场侧路基下陷。截至11月18日，已造成施工作业人员8人死亡，13人失踪。为认真贯彻落实国务院领导同志重要批示精神，进一步加强地铁工程建设安全管理，坚决防范类似事故发生，现就有关事项紧急通知如下：

一、加强地铁工程勘察设计工作。建设单位要择优委托具备相应资质的勘察设计单位，不得压缩合理的勘察和设计时间，不得对勘察设计单位提出违反有关法律法规和工程建设强制性标准的要求。勘察单位要进一步提高勘察精确度，充分探明工程水文地质条件，调查周边环境情况，确保勘察数据真实可靠；在勘察报告中要对复杂地质条件和周边环境及其可能给工程造成的危险，作出重点说明。设计单位要严格执行工程建设强制性标准，确保设计质量；在地形、地质条件复杂，可能发生滑坡、坍塌的工程中，要在设计方案中作出专门的安全防护考虑。

二、加强工程施工组织和管理工作。建设单位要做好工程总体协调工作，向施工单位及时提供全面真实的工程水文地质和周边环境特别是地下管线、建（构）筑物及地下工程资料，及时、足额拨付安全生产费用，督促施工单位落实投入。施工单位要严格执行《建筑工程预防坍塌事故若干规定》，在施工前必须充分利用城建档案等资料彻底摸清工程地质条件和周边建（构）筑物、地下管线等情况，有针对性地编制深基坑等危险性较大工程的专项施工方案；施工时要充分考虑安全因素，合理选择施工工法，严格执行设计施工方法和工序流程，加强对相邻建（构）筑物、道路等沉降和位移情况的监测；要加强作业人员安全教育，提高安全意识和技能，进入在施区域的作业人员必须严格执行登记制度。监理单位要认真履行监理职责，严格审查现场安全技术措施和专项施工方案并督促落实，配备专业监理人员，发现安全隐患，应督促施工单位整改，情况严重的，应要求立即停止施工。对水文地质条件和周边环境复杂的工程，除施工单位监测外，建设单位应委托独立第三方进行监测，加密监测布点，加大监测频次，充分利用信息网络技术进行远程监控，根据采集信息实行动态评估和预警。

三、强化地铁工程建设安全监管工作。各地建设主管部门要认真落实住房和城乡建设部等九部委《关于进一步加强地铁安全管理工作的意见》，切实履行对地铁工程建设安全的监管职责，主要负责人要亲自抓、坚持抓，把监管主体责任和行政首长负责制落到实处。要进一步完善地铁安全管理的法规和制度，落实全过程监管，督促建设、勘察设计、施工、监理等各方主体落实安全生产责任。加大对违法违规行为的查处力度，按照"四不放过"的原则，严格事故责任追究。要规范地铁工程建设市场管理，严肃查处不具备资质施工以及违法分包、转包、挂靠等违法违规行为，对不符合安全生产条件的单位要坚决清除出市场。要加强与有关部门的沟通配合，形成工作合力，协调解决地铁工程建设安全重大问题。

四、开展在建地铁工程安全检查工作。由建设单位组织勘察、设计、施工、监理等单位立即自查，建设主管部门进行督查。重点检查施工现场和周边环境是否存在安全隐患、勘察精度是否符合要求、设计和施工方案是否合理、应急预案是否可行等。要继续深化建筑安全隐患排查治理工作。对排查出的隐患和问题，要立即整改，确有困难的，要落实整改时限、措施和责任人，可能危及作业人员生命安全的，必须坚决停工。

随着国家进一步扩大内需政策和新增投资的到位，全国建筑工程规模将呈现较快增长态势，施工安全形势面临更加严峻的挑战，各地必须进一步采取切实有力措施，抓紧抓实抓好工程质量安全工作，坚决遏制重大事故频发势头。

住房和城乡建设部

二〇〇八年十一月十九日

北京市住房和城乡建设委员会
关于对地方标准《建筑基坑支护技术规程》（DB11/489—2007）中
建筑深基坑支护工程监测项目和监测频率有关问题解释的通知

京建发〔2013〕435 号

各区县住房和城乡建设委（房管局），东城、西城区住房和城市建设委，经济技术开发区建设局（房地局），各有关单位：

深基坑工程位列住房和城乡建设部规定的危险性较大的分部分项工程之首，容易发生导致群死群伤和重大财产损失的事故。我委在近期的基坑安全检查中，相关施工单位反馈基坑工程监测问题较多，主要表现在监测项目偏少且不统一、监测频率偏少、监测数据反馈不及时等。由于相关国家、行业标准对监测频率的规定不够全面，与我市工程实际情况不符，而北京市地方标准《建筑基坑支护技术规程》（DB11/489—2007）对监测频率的规定不够明确，导致各单位因理解不同，在实际执行过程中出现了偏差。为更好地执行建筑深基坑支护工程监测项目和监测频率，经我委组织该标准主编人员和相关专家研究，现解释如下：

一、建筑深基坑支护工程是指开挖深度大于等于 5m 或开挖深度虽小于 5m 但基坑（槽）周边环境较复杂的基坑（槽）工程（不含轨道交通深基坑工程）。

二、周边环境较复杂的基坑（槽）是指具备下列情况中的一项或多项：

（一）开挖深度范围内存在地下水；

（二）开挖深度范围内为淤泥质地层或回填年限不足五年且未经分层夯实的填土；

（三）开挖主要影响区（基坑底坡脚 45°斜线与基坑垂直和水平方向构成的三角区）内存在建（构）筑物、重要管线基础、重要道路或河湖。

附件：建筑深基坑支护工程监测项目和监测频率表

特此通知

北京市住房和城乡建设委员会

2013 年 9 月 2 日

北京市住房和城乡建设委员会办公室

2013 年 9 月 3 日印发

附件 建筑深基坑支护工程监测项目和监测频率表

监测项目	基坑侧壁安全等级			监测单位	监测(巡视)频率	备注
	一级	二级	三级			
支护结构顶部水平位移	应测	应测	应测	施工监测第三方监测	基坑开挖至开挖完成后稳定前:1次/d；基坑开挖完成稳定后至结构底板完成前:1次/3d；结构底板完成后至回填土完成前:1次/15d	对于桩(墙)锚支护，基坑开挖深度小于总深度的1/2时，可适当降低监测频率
基坑周边建(构)筑物、地下管线、道路沉降	应测	应测	可测	施工监测第三方监测	基坑开挖至开挖完成后稳定前:1次/2d；基坑开挖完成稳定后至结构底板完成前:1次/3d；结构底板完成后至回填土完成前:1次/15d	对于桩(墙)锚支护，基坑开挖深度小于总深度的1/2时，可适当降低监测频率
基坑周边地面沉降	应测	应测	可测	施工监测第三方监测	基坑开挖至开挖完成后稳定前:1次/d；基坑开挖完成稳定后至结构底板完成前:1次/3d；结构底板完成后至回填土完成前:1次/15d	对于桩(墙)锚支护，基坑开挖深度小于总深度的1/2时，可适当降低监测频率
支护结构顶部竖向位移	宜测	应测(土钉墙及复合土钉墙)	应测(土钉墙及复合土钉墙)	施工监测第三方监测	基坑开挖至开挖完成后稳定前:1次/d；基坑开挖完成稳定后至结构底板完成前:1次/3d；结构底板完成后至回填土完成前:1次/15d	
支护结构深部水平位移	应测	宜测	可测	施工监测第三方监测	基坑开挖至开挖完成后稳定前:1次/4d；基坑开挖完成稳定后至结构底板完成前:1次/10d；结构底板完成后至回填土完成前:1次/30d	
锚杆拉力	应测	应测(桩锚)	—	施工监测第三方监测	基坑开挖至开挖完成后稳定前:1次/d；基坑开挖完成稳定后至结构底板完成前:1次/3d；结构底板完成后至回填土完成前:1次/15d	

续表

监测项目	基坑侧壁安全等级			监测单位	监测（巡视）频率	备注
	一级	二级	三级			
支撑轴力	应测	应测（桩撑）	—	施工监测 第三方监测	基坑开挖至开挖完成后稳定前：1 次/d； 基坑开挖完成稳定后至结构底板完成前：1次/3d； 结构底板完成后至回填土完成前：1 次/15d	
挡土构件内力	可测	可测	可测	第三方监测	依据设计文件	
支撑立柱沉降	应测	宜测	—	施工监测 第三方监测	依据设计文件	
地下水位	应测	应测	应测	施工监测 第三方监测	基坑开挖至开挖完成后稳定前：1次/d； 基坑开挖完成稳定后至结构底板完成前：1次/3d； 结构底板完成后至回填土完成前：1 次/15d	
土压力	可测	可测	可测	第三方监测	依据设计文件	
孔隙水压力	可测	可测	可测	第三方监测	依据设计文件	
安全巡视	应测	应测	应测	施工巡视 第三方巡视 总包巡视	基坑开挖至开挖完成后稳定前：2次/d； 基坑开挖完成稳定后至结构底板完成前：1次/d	巡视内容应满足《建筑基坑工程监测技术规范》GB 50497—2009 的规定

注：1. 本表中监测频率为施工监测频率，第三方监测频率为施工监测频率的一半。

2. 本表中巡视频率为施工巡视频率，第三方监测巡视频率同第三方监测频率。总包单位在基坑工程施工和使用期内，每天应进行巡视检查并做好记录。

3. 当基坑支护工程出现《建筑基坑工程监测技术规范》GB 50497—2009 第 7.0.4 条所列情况时，应提高监测频率，并及时向委托方报告监测结果。

4. 当基坑支护工程出现《建筑基坑工程监测技术规范》GB 50497—2009 第 8.0.7 条所列情况时，应立即进行危险报警，并应对基坑支护结构和周边环境中的保护对象采取应急措施。

关于规范北京市房屋建筑深基坑支护工程设计、监测工作的通知

（京建法〔2014〕3号）

各区、县住房和城乡建设委、规划分局，东城、西城区住房和城市建设委，经济技术开发区建设局、规划分局，各有关单位：

为进一步规范北京市房屋建筑深基坑支护工程（以下简称"深基坑工程"）设计、监测工作，确保深基坑工程及周边环境安全，依据《住房城乡建设部关于印发〈工程勘察资质标准〉的通知》（建市〔2013〕9号）、《建筑基坑工程监测技术规范》GB 50497—2009等规定，现将有关要求通知如下：

一、建设单位应依法选择具备岩土工程设计资质的单位进行深基坑工程设计，设计单位项目负责人应具有注册土木工程师（岩土）执业资格，并在设计文件上加盖注册章。

二、建设单位在编制工程概算时，应当制定包括深基坑工程设计、施工监测和第三方监测所需费用。

三、建设单位应依法选择具备工程勘察综合资质或同时具备岩土工程物探测试检测监测和工程测量两方面资质的单位，对深基坑工程开展第三方监测工作。第三方监测项目和监测频率应符合《北京市住房和城乡建设委员会关于对地方标准〈建筑基坑支护技术规程〉DB11/489—2007中建筑深基坑支护工程监测项目和监测频率有关问题解释的通知》（京建发〔2013〕435号）的要求。

四、深基坑工程设计单位对设计质量负责。深基坑工程设计文件应明确施工监测的监测项目、监测频率、监测点数量及位置、监测控制值和报警值等技术要求。

五、深基坑工程设计等应严格执行《建筑基坑支护技术规程》DB11/489—2007。深基坑工程监测项目和监测频率应符合《北京市住房和城乡建设委员会关于对地方标准〈建筑基坑支护技术规程〉DB11/489—2007中建筑深基坑支护工程监测项目和监测频率有关问题解释的通知》（京建发〔2013〕435号）。当出现《建筑基坑工程监测技术规范》GB 50497—2009第7.0.4条所列情况时，施工单位、第三方监测单位应及时向建设单位报告，并提高监测频率；当有危险事故征兆时，应实时跟踪监测，并实时向建设单位报告。当出现《建筑基坑工程监测技术规范》GB 50497—2009第8.0.7条所列情况时，施工单位、第三方监测单位必须立即进行危险报警，并立即向建设单位报告，建设单位应组织设计、施工等相关单位立即对深基坑工程支护结构及周边环境中的保护对象采取应急措施，确保安全。

六、第三方监测单位对第三方监测数据和报告负责。第三方监测单位应当根据勘察资料、深基坑工程设计文件、《北京市住房和城乡建设委员会关于对地方标准〈建筑基坑支护技术规程〉DB11/489—2007中建筑深基坑支护工程监测项目和监测频率有关问题解释的通知》（京建发〔2013〕435号）、监测合同及相关规范标准等编制第三方监测方案，并严格按方案开展监测和巡视工作；应及时处理、分析监测数据，及时向建设单位提交监测数据和分析报告；发现异常时，应立即向建设单位反馈。第三方监测分析报告应有注册土木工程师（岩土）签章。

七、施工单位对深基坑工程的施工安全负责。施工单位应根据深基坑工程设计文件编制含监测专篇的深基坑工程专项施工方案，当专项施工方案与深基坑工程设计文件发生重大调整时，应征得深基坑工程设计单位的同意。施工单位应严格按照深基坑工程设计文件和专项方案进行施工、监测和巡视，发现异常时，应立即向建设单位反馈，并采取措施确保深基坑工程及周边环境安全。

八、当第三方监测和施工监测的监测结果有差异时，建设单位应及时组织深基坑工程设计单位、施工单位、第三方监测单位和监理单位对深基坑工程及周边环境安全进行研判，并提出处理意见。

九、施工单位、第三方监测单位应加强对监测点的管理，确保布设的监测点满足监测工作要求。

监测人员应具备一定的专业技能，并取得测量验线员（或测绘作业证）资格证书；使用的监测设备应合格有效、满足监测工作要求。

十、本通知中深基坑工程是指开挖深度大于等于5m，或开挖深度小于5m但地质条件或周边环境较复杂的基坑（槽）工程。

地质条件或周边环境较复杂的基坑（槽）是指具备下列情况中的一项或多项，具体由建设单位会同勘察、设计等单位根据勘察报告和环境情况确定，必要时可邀请危险性较大分部分项工程专家库中的岩土专家共同确定。

（一）开挖深度范围内存在地下水；

（二）开挖深度范围内为淤泥质地层或回填年限不足五年且未经分层夯实的填土；

（三）开挖主要影响区（基坑底坡角45°斜线与基坑垂直和水平方向构成的三角区）内存在建（构）筑物、重要管线基础、重要道路或河湖。

十一、市、区（县）住房和城乡建设委、市规划委及各区（县）规划分局将加大执法检查力度，对检查发现违反本通知要求的相关单位，将依法进行查处。可依据市住房和城乡建设委《北京市房地产开发企业违法违规行为记分标准》、《北京市建筑业企业违法违规行为记分标准》，对相关单位和人员进行处理，造成安全事故的，将依法追究相关单位和人员的法律责任。

十二、本通知自2014年6月1日起实施。2014年6月1日后开挖的深基坑工程，应严格执行本通知要求。

特此通知。

北京市住房和城乡建设委员会　北京市规划委员会

2014年2月28日

关于加强东莞市建设工程变形监测工作管理的通知

（东建质安［2011］161 号）

各镇街（园区）规划建设办（局）、各建设、施工、监理、监测单位：

为加强我市建设工程变形监测工作的监督管理，提高工程变形监测水平，保证我市房屋建筑和市政基础设施工程的施工质量安全，根据《工程测量规范》GB 50026—2007、《建筑变形测量规范》JGJ 8—2007、《建筑基坑工程监测技术规范》GB 50497—2009 等相关规范、文件，结合我市实际情况，现将有关事项通知如下。

一、工程变形监测的定义及基本要求

变形监测是指对建（构）筑物及其地基、建筑基坑或一定范围内的岩体及土体的位移、沉降、倾斜、挠度、裂缝和相关影响因素（如地下水、温度、应力应变等）进行监测，并提供变形分析预报的过程。

我市房屋建筑和市政基础设施工程变形监测主要包括工业与民用建筑变形监测、地下工程变形监测和桥梁变形监测。

工业与民用建筑施工阶段变形监测项目包括场地垂直位移、基坑支护垂直位移、基坑支护水平位移、地下水位、基坑回弹、地基土沉降、建筑物基础沉降、基础倾斜、建筑物水平位移、主体倾斜、建筑裂缝等。

地下工程施工阶段变形监测项目包括基坑支护结构位移（挠度、应力）、地基位移、地下水位、地下建筑物结构（基础）位移（挠度、应力）、隧道结构位移（挠度、应力）、受影响的建筑物（地表、地下管线）位移等。

桥梁施工阶段变形监测项目包括桥墩垂直位移、梁体水平（垂直）位移、拱桥拱圈水平（垂直）位移、悬索桥（斜拉桥）索塔倾斜、塔顶水平位移、塔基垂直位移、主缆线性形变、索夹滑动位移、散索鞍相对转动、锚锭水平（垂直）位移、桥梁两岸边坡水平（垂直）位移等。

工程各方应根据规范、工程需要及设计要求等确定工程施工期间变形监测的项目及精度要求。

工程变形监测有施工监测和第三方监测两种。所有工程均应由施工单位按照规范及设计要求做好施工期间的施工监测工作。以下工程在施工期间除应做好施工监测外，建设单位还应委托具备相应资质的监测单位进行第三方监测。

（一）开挖深度超过 4m 的深基坑工程；

（二）层数达到或超过 10 层的高层住宅建筑；

（三）除住宅建筑之外的高度超过 24m 的民用与工业建筑；

（四）复合地基或软弱地基上的建筑物；

（五）轨道交通工程；

（六）斜拉桥、悬索桥、跨径大于 50m 的拱桥、采用悬臂浇筑、悬臂拼装或顶推安装施工方法的预应力混凝土桥梁、新型结构桥梁。

二、施工监测管理

施工单位应明确施工监测负责人，配备与工程规模相适应的监测技术人员、作业人员及仪器设备。施工单位也可将施工监测工作委托给具有相应工程勘察资质且已在市质监站登记的工程监测单位完成。施工监测方案应当由施工单位技术负责人、项目技术负责人签字，并报送项目总监审查签字后实施。施工监测应当严格按照施工监测方案、有关技术标准及监测管理要求开展监测工作。施工单位应当及时整理、分析施工监测数据和巡视观察信息，编制施工监测报告，反馈到监理单位和设计单位。同时施工单位应根据施工监测数据和巡视信息或监理、第三方监测反馈的预警信息，对工程安全状况进行评价，发现达到预警状态应立即向工程所在地建设行政主管部门及质监、安监机构报告，并采取相应应急处置措施。

三、第三方监测管理

（一）2012年3月1日起，在我市从事工程变形监测的单位必须到市质监站办理工程监测企业在莞登记备案手续后，方可开展工程第三方监测业务。

（二）监测单位应在已登记备案的监测业务范围内从事监测活动。

（三）办理在莞登记备案手续的监测单位应当符合以下条件：

1. 具有岩土专业乙级或工程测量专业乙级及以上的工程勘察资质。其中岩土专业资质可开展岩土工程监测，工程测量专业资质可开展建（构）筑物变形测量。

2. 在东莞有固定办公场所及相应的办公设施。

3. 配备与其监测能力相适应的仪器设备。

4. 在东莞有管理及专业技术人员。工作人员应是本单位在职职工（已签订劳动合同并已购买社保），并已取得省级及以上建设行政主管部门认可的培训机构组织的监测培训合格证书。

5. 建立了较完善的工作制度、程序及操作规程。

6. 具有相应工程变形监测的经历。

7. 所承担监测业务的工程没有因监测单位责任发生重大安全事故。

（四）办理监测单位在莞登记备案手续时应提供下列资料：

1. 《东莞市建设工程监测单位登记表》一式两份（登记后，登记部门与监测单位各执一份）；

2. 企业法人营业执照副本原件及复印件；

3. 企业资质证书副本原件及复印件；

4. 计量认证证书原件及复印件；

5. 相关工作人员从业资格的证明原件及复印件；

6. 相关工作人员劳动合同的原件及复印件、社保证明；

7. 提供监测仪器、设备清单，仪器、设备的检定证书原件及复印件；

8. 近三年的工程变形监测业绩。

以上原件经核对无误后退还，资料详细要求见东莞建设网《工程监测企业在莞登记备案办事指南》。

（五）监测单位应履行以下职责：

1. 按合同及有关规定，配备符合相应资格的现场监测人员、监测设备。

2. 根据设计要求、施工方案及相关规范要求，制定专项监测方案，经监测单位技术负责人审定、项目总监审批后送质监机构备案。

3. 监测方案中的监测项目、测点布置、监测频率、精度要求、预警值及控制值等必须符合设计及有关规范要求。

4. 必须切实履行职责，严格按监测方案、相关规范进行监测，在特殊气象条件或作业条件下，应加大监测频率。

5. 监测报告应由监测人员、校核人员及审核人员（技术负责人担任）等分级签名。

6. 应对其监测的数据负责，并保证监测资料的真实、及时、完整。

7. 应定期将监测数据报送给建设、勘察、设计、监理、施工单位及工程质监、安监机构（基坑工程验收后只需报安监机构）。

8. 当监测数据达到设计预警值时，应立即通知建设、设计、施工、监理等有关单位及质监机构和安监机构，并根据需要采取加密监测布点、加大监测频率等措施。

（六）监测单位有下列情况之一的，将由质监或安监机构责令改正，不按要求整改的，将由市质监站暂停登记两年，两年内不得在我市承接新的监测业务：

1. 未按专家论证意见修改监测方案并报建设、监理单位核实擅自实施监测工作；

2. 未按合同及有关规定配备符合要求的现场监测人员及监测设备；

3. 未按监测合同和监测方案的监测项目、测点布置、监测频率、精度要求实施监测工作；

4. 未定期将监测数据报送有关单位，当数据达到设计预警值时，未即时通知有关单位；

5. 在监测过程中被查实有其他不良行为。

（七）监测单位有下列情况之一的，将直接由市质监站暂停登记两年，两年内不得在我市承接新的监测业务：

1. 未按规定办理监测能力登记手续擅自开展监测业务；

2. 办理监测能力登记手续时提交虚假资料；

3. 超越资质等级承揽监测业务；

4. 提交虚假监测数据；

5. 在部、省、市各项检查中被行政处罚；

6. 因监测单位的责任，导致工程发生重大质量安全事故。

四、监督管理

质监、安监机构应当对施工单位及第三方监测单位执行相关法律、法规以及强制性标准，开展监测工作的情况进行监督检查。市质监站应当建立监测数据上报程序，加强异常数据处理情况的监管，并定期公布监测单位有关工作信息。

监测单位有违反建设法律、法规、规章行为的，由建设行政主管部门按照管理权限依法予以罚款、停业整顿、降低资质等级、吊销资质证书等行政处罚；构成犯罪的，依法追究刑事责任。

对于 2012 年 3 月 1 日前已签订监测合同并开展监测工作的工程项目，监测单位可不办理在莞登记备案手续，但应按要求配备符合相应资格的现场监测人员、监测设备，主动接受质监、安监机构的监督检查。

东莞市住房和城乡建设局

二○一一年十二月十六日